做个有志气的女孩 第2版

张伶◎编著

中国纺织出版社有限公司

内 容 提 要

志气，是人生成功的支点，一个有志气的人才能通过不断努力去实现梦想；同样，有志气的女孩也可以不去依赖他人，而是通过双手去描绘属于自己的天空。

本书从细微处着手，教会女孩从小培养志气，通过养成好习惯、建立自信心、提升内涵和气质来完善自己，为多姿多彩的人生奠定扎实的基础。

图书在版编目（CIP）数据

做个有志气的女孩 / 张伶编著. --2版. --北京：中国纺织出版社有限公司，2021.3

ISBN 978-7-5180-7439-6

Ⅰ.①做… Ⅱ. ①张… Ⅲ. ①女性—成功心理—青少年读物 Ⅳ.①B848.4-49

中国版本图书馆CIP数据核字（2020）第084609号

责任编辑：江 飞　　责任校对：高 涵　　责任印制：储志伟

中国纺织出版社有限公司出版发行

地址：北京市朝阳区百子湾东里A407号楼　邮政编码：100124

销售电话：010—67004422　传真：010—87155801

http://www.c-textilep.com

中国纺织出版社天猫旗舰店

官方微博http://weibo.com/2119887771

三河市延风印装有限公司印刷　各地新华书店经销

2016年第1版　2021年3月第2版第1次印刷

开本：880×1230　1/32　印张：6

字数：92千字　定价：39.80元

前言

preface

生活中，我们经常会用“有出息”或“没出息”来评价一个女孩，我们说一个女孩“有出息”，意味着这个女孩将来能做大事、成大事。不过，女孩需要知道，自己若想有出息，最大的前提是要有志气。有了志气，才能有更远大的目标、有前进的动力，才能为之不懈努力，直到成功。可以说，一个没有志气的女孩是不会有什么出息的。

如何知道自己将来是否有出息呢？有志气，有远大的抱负；有胆量和勇气，遇事敢于担当；有博大的胸怀和度量；具备从容不迫、处变不惊的智慧——假如女孩可以做到以上四点，那你将来肯定会有出息。当然，在这四点中，“志气”作为最重要的依据，被放在了首位。

曾任北京大学校长的胡适先生说：“做人要做最上等的人，这才是有志气的孩子。但志气要放在心里，千万不可放在嘴上，千万不可摆在脸上。无论你志气怎样高，对人切不可骄傲。无论你成绩怎么好，待人总要谦虚和气。你越谦虚和气，人家越敬你爱你。你越骄傲，人家越恨你，越瞧不起你。”女孩一定要有意识地培养自己的志气，从小做一个志向远大的孩子，长大之后才有可能成为一个成功的人。

可以说，志气对于一个女孩来说是不可或缺的。一个没有志气的女孩，难以有前进的动力，将来更不会取得什么成就。那么，究竟什么是志气呢？所谓志气，就是一种自信，即相信自己不比别人差，知道成功需要靠自己的努力，只有不断拼搏，才能达到目标。卡耐基曾说：“朝着一定的目标走去是‘志’，一鼓作气中途绝不停止是‘气’，两者合起来就是‘志气’，一切事业的成败都取决于此。”

一般而言，女孩自我管理能力差，尤其是在青少年时期。女孩的一些弱点如果不加以改善，很有可能造成一些无法弥补的损失。比如，当女孩在成长过程中遇到挫折的时候，也许就会错误地估计形势，放大困难，由于觉得自身能力不够，就会像一只本来即将破茧的蝶，在化蝶的那一刻放弃希望；也有的女孩，很多方面都做得很出色，但只是一个小小的缺点，就可能让她前功尽弃。为了避免发生这样的事情，女孩要加强自己志气的培养，使自己成长为一个能够经历任何风雨洗礼和苦难打击的有志气的女孩。

即便落在瓦砾中，有生命力的种子也不会悲观、叹气，因为有了阻力才有磨砺。本书通过大量名人故事以及道理深刻的寓言故事，揭示了志气在生活中的真正意义，从立志、责任心、勇敢、自信、乐观等几个方面入手，深入浅出地阐明了做人要有志气的道理。这本书将会带给女孩破茧成蝶的勇气和力量，使女孩树立起正确的人生观和价值观。女孩要学会独立于世的本领，就要有高远的志气，要经过拼搏、奋斗，更要经历磨炼，容不得任何投机取巧或不劳而获的行为。只有这样，女孩才会有出息，生命才会变得异常精彩。

编著者

2020年3月

目录

contents

第1章

梦想是女孩的方向，方向让幸福之路更清晰

立志，可以使女孩有所追求，生活有了方向，整个人也变得更加充实。俗话说：“人无志不立。”对于青春年少的女孩子来说，立志尤为重要，一个女孩若是没有远大的志向，是不可能有所作为的。

女孩，拥有梦想更要坚持梦想

适用写作关键词：坚持　努力

我有一个哈佛梦

当珍妮在上高中的时候，她的梦想就是进入美国的哈佛大学。当时，她一边应付高考，一边申请学校，但是，她申请的四所美国大学都给她寄来了拒信。当收到拒信的时候，珍妮非常伤心，那意味着自己无法实现儿时的梦想了，她为此哭了好几天。在四个月之后，她还是硬着头皮坐在高考的考场，最后考取了上海的学校。

在高考之后的那个暑假，珍妮从来没有忘记过自己最初的梦想，她决心再奋斗四年，一定要去哈佛大学。在大学里，珍妮将全部的时间和精力都投入到学习中，不管是在学习还是学校的各种实践活动中，她永远都是最优秀的那个人。大学四年，珍妮不但是一个大型学生组织的主席，还成功组织了一次覆盖上海多所高校的比赛，吸引了数家赞助商。在大学，她除了是国家奖学金的获得者之外，还能说一口流利的英语、西班牙语和日语。

或许，像珍妮这样优秀的女孩子，完全可以在大学毕业之后找个待遇丰厚的职位，即使是世界500强也可以随便挑选，她又为什么要如此坚持进入哈佛大学呢？事实上，珍妮当然想过放弃哈佛大学，她也想早点争取经济独立，为家庭减轻负担，而去哈佛大学，将意味着家里需要给她更大的经济支持；此外，她也希望自己像一个普通女孩子那样，穿着光鲜靓丽的衣服，戴着好看的首饰……这样一想，哈佛大学似乎没有想象中那么神圣了。

不过，当珍妮静下心来思考这个问题的时候，她忽然意识到自己是被生活中的各种华丽的诱惑模糊了视线，如果撇开一切，只选择一样东西，那会是什么呢？于是，她最后写下了“哈佛”，然后在后面写：“坚持不懈，这个最初根植于自己内心的梦想，那才是自己真正渴望的东西，才是自己内心的真正选择。”

珍妮现在正在哈佛读研究生。她是那么优秀，才华横溢，卓尔不群，而且长得也非常漂亮。当然，她可以与大多数普通的女孩子一样，大学毕业后嫁个不错的男人，过着衣食无忧、相夫教子的日子，但是，她没有选择这样的生活，她坚持的是自己最初的梦想。

知识窗

哈佛大学：哈佛大学是常青藤盟校之首，美国最负盛名的大学。创办于1636年的哈佛大学，至今已经走过了近400年的历程，对真理的追求和不断创新的教育理念，使久负盛名的哈佛依旧焕发着青春与活力，成为世界各国莘莘学子心中恒久不变的神圣殿堂。哈佛的校训是“Amicus Plato，Amicus Aristotle，Sed Magis Amicus VERITAS”。它是拉丁文，中文是“与柏拉图为友，与亚里士多德为友，更要与真理为友”。

励志点金石

威尔逊曾说：“我们因梦想而伟大，所有的成功者都是大梦想家：在冬夜的火堆旁，在阴天的雨雾中，梦想着未来。有些人让梦想悄然绝灭，有些人则细心培育、维护，直到它安然渡过困境，迎来光明和希望，而光明和希望总是降临在那些真心相信梦想一定会成真的人身上。”

正如珍妮坚持要进入哈佛大学，这或许不算是一个难以实现的梦想，只是许多人没有坚持最初梦想的勇气和毅力而已。

为你支招

女孩们，你该如何坚持自己最初的梦想呢？

1.倾听自己内心的声音

许多女孩子直到升入初中，仍然不知道自己的梦想是什么。而没有梦想的人，就没有目标，没有奋起直追的持久动力。女孩应该审视自己，倾听自己内心的声音，了解自己真正感兴趣的是什么，然后以自己的才能与爱好作为树立梦想的参考。

2.因势利导，树立远大的目标

女孩应对自己的特点有所了解，首先确立目标。有的女孩以自己身边或媒体宣传的人作为自己的榜样；一些女孩的梦想与兴趣、爱好、特长相关，如喜欢唱歌的女孩希望成为歌手，喜欢跳舞的女孩希望成为舞蹈家。当然，孩子们尚年少，思想不够成熟，有时候追求的梦想不稳定，今天喜欢唱歌，明天喜欢跳舞。不过，为长久计，女孩应该树立一个持久的梦想。

3.培养自己独立生活的能力

在平时的生活中，女孩应多参加社会团体的益智活动、公益活动，让自己适应社会生活。在经济方面以节约为主，激发自己的奋斗意志，树立奋发向上的目标，矢志不移地实现梦想。

4.量身打造一个计划

梦想的实现，必然要通过一些计划来完成，比如，想成为一名工程师，那首先应该做好的就是学习，选择一个工科较好的大学，多阅读工科类书籍，选择相关科目，然后朝着这个方向努力。所以，当女孩有了梦想之后，需要根据自身情况量身定制个人计划和完成计划的方法。

女孩，要懂得常立志不如立长志

适用写作关键词：坚持不懈　立志

写好自己的人生剧本

由于家庭的原因，她在高中毕业时放弃了继续升学的机会，而是选择在女子商学院的夜校学习。偶然的一次，她在夜校附近的饭馆吃饭的时候，发生了一件事情：一位客人想在饭店里暂时寄存自己的行李，却遭到了饭馆老板的冷淡拒绝。这令她感到不解，她认为，饭馆老板明明可以通过帮忙寄存行李来达到宣传自己饭店的目的，为什么他不那么做呢？

由于这一件小事，她决定了要在餐饮业发展。此后，她转入了烹饪学校学习。无论当时自己经济如何困难，她都坚持学习下去，甚至宁愿省下自己的生活费去听一堂课。后来，在1982年，她开始尝试经营一家面食店。她本着“亲切服务”的原则，小小的面食店很快名声大噪，从最初仅有一个灶台和五种菜品的小店发展成为附近很有名的美食店。

虽然她身处逆境，但是当她立下志向之后，就再也没有改变、没有退缩，而是一直把自己当作人生的主角。无论遇到什么困难，她都能凭着自己的力量去克服它，并且以主角的姿态演出自己的人生剧本。

知识窗

夜校：顾名思义就是利用夜晚时间到学校上课，是一种业余学习，与全日制脱产学习相对。它跟全日制一样，有不同系不同专业之分，要看你报读哪个了，而且一般要参加成人高考，符合条件才能入读。夜校文凭的含金量不是很高，歧视自然也少不了，但社会还算承认，因此不少人还是会选择这种方式进修增值。

励志点金石

曾国藩曾说：“君子之立志也，有民胞物与之量，有内圣外王之业，而后不忝于父母之生，不愧为天地之完人……若夫一己之屈伸，一家之饥饱，世俗之荣辱、得失、贵贱、毁誉，君子固不暇忧及此也。”

一个有志向的人会成为主角；反之，一个碌碌无为、只想偷懒省力的人，只会跑龙套。千万不要相信“我们没必要那么累，有事情让别人去做就好了”之类的话。

为你支招

女孩们，你该如何立下远大的志向呢？

1.志向需要适时调整

女孩子们的志向代表自己的事业目标，这是有阶段性的，也就是说，志向要根据人生的历程适时作出一些必要的调整。当你确定一个志向，或者作出发展规划，但因为一些事情已经无法履行之前的职责，或者当你做了另外一件事，你还会坚持之前的志向追求吗？女孩子应该适时改变自己对理想追求的选择和定位，确定能够立足于现状下的发展目标，以及自己对改变现状的努力方向。

2.立长志，并非是选择一个志向作为终身目标

许多女孩子听到立长志，就想成为科学家、作家、律师、医生、教师等。当然，女孩子们可以选择这些作为成长志向，不过你需要一个机会才可以实现自己的志向。所以，女孩子对志向的选择，应该符合自己当时的环境，以及自己的才智或专业能力。只有当女孩子已经取得有利的成长条件之后，她才有可能去寻求新的机遇或者谋划新的发展。

3.立志，贵在持之以恒

有的女孩今天说“我先踏踏实实学习”，明天说“我想去赚大钱”，到了第三天，她还在思考自己到底该立怎样的志向。说到底，她并不知道她的人生志向到底是什么，似乎什么都想去做，但什么都是口头之说，她无法投入真正的实践之中。

梦想决定了你生命的高度

适合写作关键词：选择　坚持

梦想使我走得更远

1998年，只有10岁的李欣汝面临了人生的第一次重大选择。当时，父亲希望她成为一名伶牙俐齿的主持人或者是一位教书育人的教师，而她自己却喜欢跳舞，希望自己有一天可以像一只白天鹅一样在舞台上翩翩起舞。到底是遵从自己内心的梦想，还是顺从父亲呢？最后，10岁的李欣汝坐上火车，从兰州去北京学习，她将舞蹈作为自己的梦想。

2007年，“红楼梦中人”节目组到李欣汝就读的北京舞蹈学院选人，李欣汝报了名，她本来只是想试试看，结果没想到一路过关斩将，自己竟然晋升黛玉组全国五强。这时她面临了人生第二次选择，自己是继续学习还是参加全封闭培训呢？她思考了很久，最终说服自己放弃眼前暂时的功利，退出选秀，将全部的精力都放在学业上面。

李欣汝退出选秀之后，顺利地拿到了大学毕业证书。很快，她面临了新的选择。《丑女无敌》递来了橄榄枝。令她犯难的是，这次她需要在剧中扮演一个完全没有形象的女孩子。自己是否愿意扮丑呢？经过层层筛选之后，李欣汝最终获得了那个对自己而言非常重要的角色——电视剧《丑女无敌》中雷人的林无敌。她刻意增肥、扮丑，她甚至感觉林无敌就是正在奋斗的自己，所以她完全融入了角色，结果这部戏相当成功。

当《丑女无敌》第一季播出之后，创下收视观众2.4亿人次的惊人纪录。而李欣汝所扮演的林无敌这个形象也受到了观众的欣赏与认可。同时，她本人也获得了成功，她成为湖南卫视年度最佳新艺人，成为2008年最深入人心的电视剧形象之一。而且，她的名字出现在2009年度福布斯名人榜的排名之中，她终于成功了。

知识窗

福布斯名人榜：福布斯集团是全球著名的出版及媒体集团，成立于1917年。福布斯集团是媒体行业中的巨头，也是最为成功的家族企业。其旗舰出版物《福布斯》杂志是美国历史最悠久的商业杂志之一。《福布斯》全球版的发行量高达100万份，在全球拥有近500万高层次的商界读者。2003年，福布斯集团发布了《福布斯》中文版。自2004年以来，每年3月《福布斯》杂志中文版都会根据调研和系统评估结果发布“福布斯中国名人榜”。

励志点金石

马云曾说：“第一，有梦想。一个人最富有的时候是有梦想，有梦想是最开心的。第二，要坚持自己的梦想。有梦想的人非常多，但能够坚持的人却非常少。阿里巴巴能够成功的原因是我们坚持了下来。在互联网激烈的竞争环境里，我们还在，是因为我们坚持，并不是因为我们聪明。有时候傻坚持比不坚持要好得多。”

人生的最大意义在于奋斗，为自己的梦想而奋斗，这会令一个人感到充实和快乐，有梦想的人从来不会感到空虚，因为他们懂得自己最想要的是什么，并且朝着这个方向不懈地努力。

为你支招

女孩们，你该如何实现自己的梦想呢？

1.不要质疑自己的梦想

一旦你确定了自己的梦想，就要切断自己的后路，因为现在你只剩下自己和梦想了，已经不能回头。现在你已经无路可走，你已经站在梦想的面前，你现在需要做的就是努力完成自己的梦想。假如你总是在猜测——这是我的梦想吗？那你将永远一事无成，因为这个质疑会阻碍你完成梦想，最后你将失去尝试的勇气，而不愿意再跨出下一步。假如你开始质疑自己的梦想是否可以实现，那你将失去追求梦想所需要的动力。

2.清楚地认识自己

女孩子们，清楚地认识自己是实现自己梦想的首要步骤，将自己的能力综合在一起，把握自己，才能合理地规划自己的梦想，不要超出自己的能力范围，否则这就是空想。

3.规划实现梦想的计划

女孩子们要为自己的梦想设定目标，然后朝着既定的目标一步一步地走去。假如你完全没有任何计划，那梦想对于你来说也是极其遥远的。

4.在追逐梦想的路途中坚持不懈

正所谓“千里之行，始于足下”。这句古语告诉女孩子们一个道理：面对为梦想规划的目标，需要一步一步地往前走，即便走错了，也不要怕，只要改正错误、继续勇往直前就可以。

为了更好的未来，不断充实自己

适用写作关键词：充实 追求

一次青春的犯错

二十几年前，杨澜凭借着《正大综艺》让自己的名字家喻户晓，好不容易在央视站稳了脚跟，她却突然宣布退出《正大综艺》，奔赴美国哥伦比亚大学国际和公共事务学院攻读硕士学位。当时，很多观众感到不解：杨澜《正大综艺》主持得好端端的，为什么又要留洋呢？面对众人的不解，杨澜真诚地向观众说出了自己的心里话：自己学生时代的贮藏基本耗尽，深感“电力”不足，急需“充电”。原来，杨澜出国留学不是为别的，而是为了进一步充实、提高自己。

杨澜在美国留学期间，也曾被问“在国内发展得那么好，为什么还选择读书”，杨澜坦然表示，“年轻时最重要的资本不是青春、美貌和充沛的精力，而是你拥有犯错的机会，不要为青春留白。如果年轻时不能追随梦想，去为自己认为值得做的一件事冒一次险，哪怕犯一次错，那青春将是多么苍白啊！”从美国回来多年了，杨澜迈向了事业的一个又一个的高峰，恰是那次“青春的犯错”为她积蓄了一生最珍贵的财富。

在获得了巨大的成就后，杨澜却毅然放弃了红红火火的事业，远赴美国“充电”，不断地汲取新的知识，丰富自己的心灵世界。事实证明，她当初的选择是正确的，正是那个果断的决定，为她积蓄了一生的财富，使她收获了事业的丰硕果实。

知识窗

杨澜：1968年3月31日生于北京。中国电视节目主持人、媒体人、传媒企业家、慈善家。2013年5月在纽约佩利媒体中心被授予女性“开拓者”荣誉，成为首位MAKERS项目“开拓者”奖项的非美国本土获奖者，并被福布斯评为全球最具影响力的100位女性之一。她是一位优秀女性的典范，她美丽、智慧、优雅、知性，开创了成功的事业。杨澜展现给公众的，是一个多角度的形象，被称为“中国的华莱士”。

励志点金石

威·大皮特曾说：“尊敬的先生煞有介事地指责我年轻，好像我犯有弥天大罪。对此，我既不想辩解，也不想否认。有一种人随着年龄的增长会变得聪明起来；而有一种人就是年岁再大、阅历再广，也还是愚昧如初。倘若我属于前一种人，那我一定会心满意足的。”

真正有魅力的女性，懂得不断地充实自己、不断地丰富自己，使自己的魅力如山间涓涓细流，不停地流淌着、动人着。

为你支招

女孩们，你该如何充实和完善自己呢?

1.正确认识自己

女孩子相信星座解析，那是因为人往往倾向于相信一个笼统的、一般性的描述，而不太相信真正符合自己个人特点的描述。其实，女孩子们认识自己往往需要根据观察自己、听取别人的评价、社会比较、参与实践和自我反思总结五个方面，这样才可以更客观、更全面地认识自己。

2.学会接受真正的自己

女孩子要全面承认真实的自己，包括自己的优点和缺点等。毕竟，每个人的智能发展都具有不均衡性，每个人都有自己独特的个性，女孩子们要懂得发展优势、弥补不足。而且，女孩子要合理地定位理想的自己，有目标才会有发展方向。在现实生活中，女孩子要积极与人交往、展现自我，然后不断接受真实的自己，赏识自己，朝着理想的自我开始发展。

3.及时调整自己

当女孩子不可能改变他人和环境的时候，就需要及时地调整自我。当女孩子遇到困难或突发事件时，需要根据外在的发展来不断调整自己，不断强化自己、鼓励自己，让自己跟上生活的节拍。

4.不断完善自己

女孩子要明确自己的价值，肯定自己的价值，懂得人生发展方向。只有懂得追求实现自我的人，才会对自己和他人都保持喜欢与接纳的态度，从而真诚地对待其他人。当然，女孩子需要尽自己最大的努力去全面发展自己，去挖掘自己的潜力，从而不断地完善自己。

学会设立人生目标，女孩不会再迷茫

适用写作关键词：目标　坚持

跟着目标就不会迷路

在西撒哈拉沙漠中，有一颗璀璨的明珠——比赛尔。每年，数以万计的旅游者都会来到这里观光、游玩。可是，在很早以前，这里只是一个封闭而落后的地方，这里的人从来没有走出过大漠。当然，他们并不是不愿意离开这块贫瘠的土地，而是尝试了许多次都没能走出去。

一天，肯·莱文来到了比赛尔，他用手语问这里的人：“你们为什么不走出大漠？”结果所有人的回答都一样：从这儿，无论向哪个方向走，最后都还是回到了出发的地方。肯·莱文不相信这种说法，他亲自做了一次试验，按照指南针的指示，从比赛尔村一直向北走，结果花了三天半的时间就走出来了。肯·莱文很纳闷：为什么比赛尔人不能走出大漠呢？为了知道原因，肯·莱文雇了一名叫阿古特尔的人，这位青年也从来没有走出过大漠。肯·莱文收起了指南针等现代设备，让阿古特尔带路，看看到底会发生什么。他们带了半个月的水，牵了两头骆驼就出发了。很快，十天过去了，他们走了大约八百英里路程，第十一天早晨，他们果然又回到了比赛尔。肯·莱文终于明白了，比赛尔人之所以走不出大漠，是因为他们在大漠里没有目标与方向。

肯·莱文离开比赛尔的时候，他告诉阿古特尔如何通过北斗星找到正确的方向，他说：“只要你白天休息，夜晚朝着北面那颗星走，就能走出沙漠。”阿古特尔照着去做了，三天之后果然来到了大漠的边缘，因此，阿古特尔成为比赛尔的开拓者，他的铜像被竖在小城的中央，并刻了一行字：跟着目标就不会迷路。

在一望无际的沙漠里，如果一个人只是凭着感觉走，他就会走出一个个大小不一的圆圈，最后又回到原点。由于比赛尔村在沙漠的中间，在方圆几千公里几乎没有任何参照物，如果不认识北斗星，想走出大漠，这是不可能的。

知识窗

指南针：指南针是一种判别方位的简单仪器，又称指北针，据《古矿录》记载最早出现于战国时期的磁山一带。指南针的前身是中国古代四大发明之一的司南，是古代汉族劳动人民在长期的实践中对物体磁性认识的结果。其主要组成部分是一根装在轴上可以自由转动的磁针，磁针在地磁场作用下能保持在磁子午线的切线方向上，磁针的北极指向地理的北极，利用这一性能可以辨别方向。指南针常用于航海、大地测量、旅行及军事等方面。

励志点金石

哈佛法学院教授德里克·博克曾说：“我早已致力于我决心要保持的东西，我将沿着自己的路走下去，什么也无法阻止我对它的追求。”

在人生的道路上，我们做任何事情都需要有目标，这样才不会失败。

为你支招

女孩子们，你应该如何设立自己的人生目标？

1.做一个准确的自我分析

女孩子们首先要了解自己到底想成为什么样的人，人生目标是什么，最适合什么样的工作，然后综合分析自己的优点和缺点。同时，女孩子们要善于学习成功者的长处，只有不断地改变自己的缺点，才更容易实现自己的人生目标。

2.寻找自己的“偶像”

这里的“偶像”并非是明星，而是女孩子们的学习榜样。每一个女孩子都应该有一个学习的榜样，而且这个榜样最好是世界级的，向成功者学习，你才知道他为什么能够实现成为世界第一的梦想。那么，女孩子，你的学习榜样是谁呢？

3.将人生大目标分为小目标

女孩在有了宏伟的人生追求之后，为了让自己达到这个人生目标，需要随时关注自己内心的想法、学习情况，然后去分解目标，逐一实现。有时候女孩会因为实现了小目标、体验到了成功的愉悦而不断努力，继续向着下一个小目标前进，这样女孩就会渐渐地接近大的目标，直到最后实现人生目标。

4.鼓励自己立即行动

女孩很容易在受到激励的情境下树立人生目标，憧憬追求，不过，假如缺乏行动，一切都将付诸东流。因此，女孩树立了远大的人生目标还不够，还应该将目标转化为行动，督促自己马上行动，不断地努力，即便遇到困难也不放弃，这样才能促使自己最终将目标变成现实。

第2章

做自立的女孩，跨越困境不向命运低头

女孩是柔弱的，但柔弱并不等于没有力量，即便双肩柔弱，女孩也一样能够挑起人生的重担，甚至能比男孩做得更好。女孩应该早自立，生活中的困难、挫折、失败等不如意，只要勇敢地跨过去，女孩的人生就能走向成功。

女孩不服输，让困难成为垫脚石

适用写作关键词：不服输　自信

你能做到，玫琳凯

玫琳凯小时候，妈妈总是这样说：“你能做到，玫琳凯，你一定能做到。”玫琳凯不仅将这句话作为自己的座右铭，而且将这句话作为公司的理念来激励更多的女性。玫琳凯坦言，自己想创建公司的想法是在遇到了一些挫折之后才真正形成的。

玫琳凯曾在直销行业工作了25年，当时，她已经做到了全国培训督导。但是，眼看着自己的一位男下属得到了提拔，而且薪水将是自己的两倍，玫琳凯毅然决定辞职，去实现自己的梦想，她说：“我建立公司时的设想是想让所有女性都能够获得她们所期望的成功，这扇门为那些愿意付出并有勇气实现梦想的女性带来了无限的机会。”

然而，在创业之初，她经历了多次失败，也走了不少弯路，但是，她从来不灰心、不泄气，反而这样诙谐地解释：“挫折是化了妆的祝福。”最后，她创建了玫琳凯公司。玫琳凯这样说道：“从空气动力学的角度看，大黄蜂是无论如何也不能飞的，因为它身体沉重，而翅膀又太脆弱，但是人们忘记告诉大黄蜂这些。女性就是如此——只要给她们以机会、鼓励和荣誉，她们就能展翅高飞。”

从玫琳凯的身上，我们可以看到，是困难成就了她的生活。女孩子们若想成为像玫琳凯一样优秀的人，就要经得起挫折的历练，经得起失败的打击，因为成功需要风雨的洗礼。一个有追求、有抱负的女孩，总能将挫折当作动力，她敢于乘风破浪，让困难成为自己的垫脚石。困难对于自立的女孩来说是一块跳板，对坚强的女孩来说是一笔宝贵的财富。

知识窗

玫琳凯·艾施：玫琳凯的创始人，玫琳凯作为世界知名的化妆品品牌而家喻户晓。玫琳凯·艾施女士身上具备着无与伦比的魅力。她所取得的成功在美国商界的历史上留下了令人难忘的一笔，同时也为世界各地的女性不断创造成功树立了一个很好的榜样，她也因此成为全球女性们的楷模。

励志点金石

宣永光曾说：“困难是欺软怕硬的。你越畏惧它，它越威吓你。你越不将它放在眼里，它越对你表示恭顺。”

生活中的困难是必然的，所以，当我们遇到它时没有必要怨天尤人。面对困难，不要畏惧，要迎难而上、直面困难，将生活中的每一个困难都当作上天对我们的考验。只要我们心中怀着必胜的信念，就一定可以做到！

为你支招

女孩子们如何战胜困难？

1.多角度看待挫折

有的女孩在一次考试失败后就一蹶不振，下次她一样失败；有的女孩面对鲜红的分数，能够勇敢面对，最终获得了成功。在我们生活或学习中遇到的挫折，放眼看去，它不过是我们漫长生命历程中一个微不足道的黑点，我们没有必要陷入失败的痛苦中，而是应该吸取教训，努力向前走，“失败乃成功之母”，在哪里失败就从哪里爬起来。

2.增强自信心

如果女孩擅长某一方面，就会在这一领域里有着充分的自信，这可以帮助女孩更好地面对来自其他方面的挫败感。在学习过程中，女孩要善于发现自己的优势，最大限度地发挥自己的长处和优势，努力表现自己，体现自身价值。当女孩们在自己所擅长的某方面体验到成功、看到希望后，就能渐渐找回丢失的信心。

3.善于调节心理

女孩可以学习一些缓解心理压力的常识与小窍门，这样便于自己在遇到挫折时自我调节。比如，当女孩子们出现紧张、畏惧的情绪时，提醒自己深呼吸几次，忘记这是在比赛，把比赛当作自己日常生活中的一项运动，并以放松的心态来迎接挑战等。而且，通过调节心理来合理宣泄心理压力，能有效抑制“输不起”心理的产生。

心态积极，你就拥有了反败为胜的能力

适用写作关键词：热忱　心态

寻找沙漠里的星星

一位将军去沙漠参加军事演习，妻子特尔玛·汤普森（Thelma Thompson）需要随军驻扎在陆军基地里。沙漠干燥高热的气候，全然陌生的环境，令特尔玛感到很难受，而身边又没有可以倾诉的人，陷于孤独的特尔玛经常给父亲写信，在信中透露出自己想回家的强烈愿望。然而，拆开父亲的回信，只有短短的两行字：“两个人从牢中的铁窗望出去，一个看到泥土，一个却看到了星星。”父亲的回信令特尔玛十分惭愧，她决定要

在沙漠里寻找星星。

从此以后，特尔玛开始与当地人交朋友，结果他们的反应让她感到非常惊喜。特尔玛对当地人的编织和陶艺非常感兴趣，他们竟然会将不舍得卖给游客的心爱作品送给她。

她与那些邻居彼此之间互相赠送礼品。闲来无事，她开始研究沙漠里的仙人掌、海螺壳。她观察了土拨鼠的活动，寻找到了300万年前的化石。慢慢地，她迷上了这里，通过亲身经历，她写了一本书叫《快乐的城堡》。

沙漠并没有改变，当地的印第安人也没有改变，是什么使特尔玛的生活发生了巨大的变化呢？心态，当然是心态，以前惧怕陌生的特尔玛看到的只是泥土；但是，当心态改变之后，她开始慢慢适应这个陌生的环境，并在体味中追寻到了快乐，甚至，她在沙漠里找到了星星。

知识窗

化石：在漫长的地质年代里，地球上曾经生活过无数的生物，这些动物死亡之后的遗体或是生活时遗留下来的痕迹，许多都被当时的泥沙掩埋起来。在随后的岁月中，这些生物遗体中的有机质分解殆尽，坚硬的部分如外壳、骨骼、枝叶等与包围在周围的沉积物一起经过石化变成了石头，但是它们原来的形态、结构（甚至一些细微的内部构造）依然保留着；同样，那些生物生活时留下的痕迹也可以这样保留下来。

励志点金石

伟大的心理学家艾尔弗雷德·艾德勒（Alfred Adler）花了一辈子的时间来研究人类及其潜能，他曾说："人类所具有的一种最不可思议的特性就是反败为胜的能力。"

人与人之间的差异就是心态，积极与消极心态的差异，所对应的将是成功与失败。一个人拥有积极的心态，那么他可以让劣势变成优势。成功者的明显标志在于他们拥有热情而积极的心态。

为你支招

女孩子们应该如何将自己劣势化为优势？

1.以辩证的思维看待自己的缺点

辩证法告诉我们，事物之间是能够互相转化的。事实上，女孩子应该明白，优点和缺点是没有明确的界限的。比如，喜欢标新立异的女孩，其实换个角度看她是有创新意识；有的女孩喜欢管闲事，其实她是一副热心肠；有的女孩喜欢顶嘴，其实她思维比较敏捷；有的女孩做事磨蹭，其实是认真细致。

2.随着成长，缺点会减弱或消失

女孩子的成长是动态的，是不断发展变化的，今天的缺点

或许明天就减弱或消失了。有时缺点会随着女孩的成长而发生一些新的变化，所以女孩不能总看到自己的缺点。假如女孩非要那么在意自己的缺点，那就会因过度的关注而忽视自己的优点。

3.不要只盯着自己的缺点

女孩子不能只盯着自己的缺点，这样只会让自己变得自卑、胆小、缺乏自信。比如，女孩子数学成绩比较差，假如总是天天关注着自己这门功课，那反而给自己增加不少的压力。不妨顺其自然，该怎么学还是怎么学，说不定数学成绩反而会有所上升。

不自寻烦恼，让生活快乐前行

适用写作关键词：倾听　乐观

告别烦恼，我赢得了朋友

丽萨是一个郁郁寡欢的女孩子，却由于喜欢倾听而赢得了好几个男孩的好感。丽萨家以前在费城，主要是靠社会救济金生活，对她而言，年轻时最大的悲剧就是家庭的贫困。其他女孩子那样精彩的社交活动，对她而言简直是一个无法实现的梦。

丽萨常常衣衫褴褛，而且那些衣服总是古老又不合身，穿起来简直土得掉渣。丽萨经常感觉没有脸面见人，更别说交朋友了，她常常会在哭泣之后沉睡过去。她绝望了，难道自己就只能这样生活吗？

突然之间，丽萨想到了一个好办法。在以后的每次聚会中，丽萨都邀请身边的朋友讲述自己的经历、想法以及对未来生活的计划。丽萨希望可以转移他们的注意力，不那么注意自己破烂的衣服。奇妙的事情发生了，当她在听这些朋友们谈论时，从中收获了很多，并开始对一些事情产生兴趣，竟然由此忽视了自己衣服的问题。最令丽萨觉得惊奇的是，由于她乐意倾听，且鼓励他们谈论自己，她变得很受欢迎，因为朋友们感觉跟她在一起非常快乐，甚至有三个男孩子向她求婚。

很多疾病都可以不治而愈。同样的道理，大多数烦恼都会很快消失不见。想要克服心中的烦恼，女孩子们应该保持积极乐观的态度，将心里的烦恼看作流过去的江水，避免把自己沉溺在里面，并且将心神集中在现实生活中的事物上，学会感恩，试着将那些值得快乐的理由写下来，这样我们就能摆脱烦恼的纠缠了。

知识窗

倾听：倾听属于有效沟通的必要部分，以求思想达成一致和感情的通畅。狭义的倾听是指借助听觉器官接受言语信息，进而通过思维活动达到认知、理解的全过程；广义的倾听包括文字

交流等方式。其主体者是听者，而倾诉的主体者是诉说者。两者一唱一和有排解矛盾或者宣泄感情等优点。倾听者作为真挚的朋友或者辅导者，要虚心、耐心、诚心和善意地为诉说者排忧解难。

励志点金石

富兰克林说："不要预期烦恼，或者为可能永远不会发生的事情担心，要保持快乐。"

一个内心浮躁的人往往倾向于自寻烦恼。我们可以寻找甜蜜的爱情，可以寻找美好的生活，但绝不可以自寻烦恼。许多人的烦恼、郁闷都是自找的，他们本来没有烦恼，或者说原本不必烦恼，但由于内心的浮躁，不自觉地把一切事情都当作烦恼。

为你支招

女孩子们如何保持积极健康的心态？

1.学会积极地思考

想要拥有健康的心态，就要学会积极地思考。有时候，女孩子的思维和视觉都是有盲点的，只看到消极的一面，却看不见积极的一面。比如，下雨了，女孩们只会觉得自己不能出门去玩耍，所以觉得很烦，但并没有发现雨后空气清新了很多，雨水滋润了大地。因此，当消极情绪来临时，女孩子们要进行积极的心理暗示，换个方法来思考问题，这样一来，你会发现生活是多么美好。

2.合理发泄不良情绪

消极的心理源于内心的不良情绪得不到合理的发泄，时间长了，整个人都会变得很颓废，愈加觉得生活就是黑暗的。所以，女孩子要善于去发泄内心的不良情绪，比如，考试失利了，被老师批评了，和朋友吵架了等。诸如这些事情所产生的烦恼，女孩可以向朋友、亲人倾诉，疏散内心的烦闷，使自己的身心得到放松。

3.选择健康、休闲的消遣方式

生活中总是有着这样或者那样的烦恼，这是女孩子们无法避免的，但是，女孩可以将自己的注意力转移开来，比如，选择一些健康、休闲的消遣方式，听听音乐、看看电影、阅读书籍等。健康、休闲的消遣方式将有效地疏导内心的烦恼，使我们拥有一个健康积极的心态。

自立，是女孩立足人生的基础

适用写作关键词：自立　自强不息

独立的小安妮

在小镇的一个超市里，15岁的安妮正站在收银台边上，忙着帮客人把买好的东西一件一件麻利地装进购物袋。安妮长得很结实，平时温文有礼，兴趣广泛。15岁的安妮平时非常忙，除了学习之外，安妮不但是学校学生会成员，还是学校羽毛球队的队员和省女子青年组足球队队员。几乎每天晚上或周末，安妮不是有训练、学生会的工作，就是有比赛。

一位来购物的朋友跟安妮打了个招呼，安妮也很有礼貌地回应。朋友问安妮："暑假有什么计划？忙了一年，是不是利用暑假的时间好好地休息一下、外出度假？"没想到安妮兴奋地告诉朋友："今年暑假我要参加教会组织的志愿者活动，去非洲的一个小镇，帮助照看当地的战争孤儿。在接下来的几个周日，我会来超市帮人装购物袋，周六在农夫市场出售自己烤的蛋糕和饼干，赚的钱用作去非洲的开支。"朋友关心地问："你父母同意吗？"安妮笑着说："他们为我的想法感到骄傲，非常支持我。不过，他们给我提了个要求，就是必须自己去筹集去非洲一个月所需的全部费用，他们是想看我是不是真的有去非洲做义工的决心，所以这几个月我都要忙着筹款了。"

在犹太法典上写着这样一句话："5岁的孩子是你的主人，10岁的孩子是你的奴隶，到了15岁，父子平等，就没有孩子了。"在犹太人传统的文化里，年满13岁的孩子都要参加隆重的成人仪式，表示自己是真正的犹太人了，需要开始承担宗教义务了。

知识窗

义工：义工是指在不计物质报酬的情况下，基于道义、信念、良知、同情心和责任，为改进社会而提供服务，贡献个人的时间及精力和个人技术特长的人和人群。主要义务服务一些需要帮助的弱势群体，如养老院，孤寡老人，残疾人，社会救助等。义工不仅是义务劳动，更是一种有意义的劳动。因为做义工不仅让你发现所做的事情对别人有利，而且对自己也很有价值。

励志点金石

穆尼尔·纳素夫著有《家庭》，她是科威特女作家、记者。她曾说："独立能力是人生的基础。"

女孩就是要自立。人生路上总会出现各种各样的困难，而女孩遇到的困难会更多。不过，不管遇到什么样的困难，都不要气馁，不要没有节制地依赖别人，而要坚强地让自己站起来，战胜困难和挫折。

为你支招

女孩子们如何让自己变得更自立？

1.女孩请对自己负责

独立的个性可以让女孩更积极地管理自己，女孩需要摆脱被动地听话的习惯，避免等着父母来帮自己做决定。通常来说，那些不具有独立性的孩子，不会自觉、自律地生活，长大后就会被社会淘汰。女孩要学会自己的事情自己负责、自己解决，管理好自己的生活。女孩只有学会了自律，才能更加独立、自主地决定自己的生活方式。

2.请求父母不要参与自己的个人事务

对于女孩自己的事情，女孩应该自己解决，别让父母参与自己的个人事务。即便女孩自己的选择有幼稚、不完善的地方，哪怕是不成熟的决定，那也是自己的决定。女孩需要这种自我选择、决断的机会，这样女孩子才能在失败中走向成熟，独立性也会得到有效提升。

3.相信自己的能力

女孩要相信自己的能力，寻找锻炼自己的机会，只要自己能够做的，就应该去做。只要是自己能想到的，就应该去尝试，同时请求父母给自己机会，放手让自己去做一些能够做好的事情，这样会增加自己的自信，赢得成就感。

勤于“耕耘”，才能赢得成功的青睐

适用写作关键词：耐力　独立　勤勉

她的设计梦

杨瑞丹是美国杨氏设计公司的总裁，同时，她也是一位资深生活设计师。早年，她毕业于纽约大学的室内设计专业，后来在美国密歇根大学获得硕士学位。作为设计行业的领军人物，她已经从事设计工作数十年了。在工作中，她倡导创造高品质的生活，并将不同的潮流设计带入室内外的设计中。与此同时，她所创造的品牌不断发展壮大，得到了越来越多人的支持与认可。

杨瑞丹是一个优雅恬淡的女子，她有着细柔的言语、恬淡的笑容。不过，这仅仅是她的外表，在她的骨子里有着一份比男人更强的坚韧、执着、勤勉。在受传统思想影响的社会，女人想要做成事真的很难，她们往往要比男人付出更多，却收效甚微。杨瑞丹说：“我并不想做一个女强人，也不喜欢别人这样称呼我。在中国，大部分女性都很优秀，而我只是找到了自己想要去坚持和努力的信仰，凭着那份坚韧与勤奋一步步走下去而已。”

早年，移居美国的杨瑞丹随着父亲第一次踏上中国的土地，后来，由于工作原因，她常常往返于中国与美国之间。随着对中国的熟悉不断加深，心有志向的杨瑞丹决定在中国成立工程公司。刚开始创业的时候，她没有父亲的资助，坚持独立自主。她白天做设计，晚上去工地检查、指导、学习，回忆那段辛苦的日子，她觉得一切都值得，因为自己成功了。

杨瑞丹说："一个女人在中国在北京，我没有任何背景，没有任何关系，一开始赔了很多钱，无数次地想背包回去不来了，在那会儿我还生病。可是我想，这么多人跟着你，人家把工作给你，就是相信你，所以，我只能成功，不能后退。"杨瑞丹，一个耐力与勤勉并行的女子，她心中的那份认真与耕耘，为其成功奠定了扎实的基础。

知识窗

室内设计：室内设计是根据建筑物的使用性质、所处环境和相应标准，运用物质技术手段和建筑设计原理，创造功能合理、舒适优美、满足人们物质和精神生活需要的室内环境。这一空间环境既具有使用价值，满足相应的功能要求，同时也反映了历史文化、建筑风格、环境气氛等精神因素，明确地把"创造满足人们物质和精神生活需要的室内环境"作为室内设计的目的。

励志点金石

威廉·李卜克内西说：“才能的火花，常常在勤奋的磨石上迸发。”

如果一个人是勤奋的，那么他就拥有了成功的机会；如果一个人是懒惰的，那么他就一定不会成功。勤勉和成功是互相制约的，虽然你的勤劳并不一定会给你带来成功，但是无论如何，每个人都要辛勤工作，因为这是获得成功的最基本的条件。

为你支招

你如何成为一个勤勉的女孩？

1.成为一个自立的女孩

现实生活中，许多女孩是父母的掌上明珠，是家中的“小公主”，平时总是饭来张口、衣来伸手，每件事都是父母包办，结果女孩什么也不会做，什么事情也不愿意做。所以，要想成为一个勤勉的女孩，就要做到力所能及的事情都自己动手，成为一个自立的人，从而感知生命存在的意义。

2.养成自己动手做事的习惯

在家里，只要是属于女孩自己的事，如整理书包、收拾书桌、自己穿衣服、穿鞋等，都需要自己动手。多做事的女孩有学习手脑并用、体谅别人和为别人服务的机会，同时手脚更灵活，做事更有效率，学习效率也会跟着提高不少。

3.独立去完成一件事情

假如自己已经具备独立完成这件事的能力，那女孩就应要求自己独立完成，拒绝父母的帮助。对女孩而言，假如没有摔倒了重新站起来的勇气和毅力，那自己日后将无法生存。假如女孩离开了父母的呵护就生活得一塌糊涂，那她在以后又该如何面对激烈的生活竞争呢？

4.女孩学会自我服务劳动

自我服务劳动是女孩照料自己的生活、保持周围环境整洁卫生的劳动。比如，对自己的学习用品起码要会进行分类整理和保管，而对于稍微大一点的女孩的自我服务劳动的要求是：学会洗衣服、做饭等。

第3章

做有主见的女孩，自己的事情自己做

一个女孩的人格获得了独立，她就会有自己的想法和观点，而这样的女孩才是一个有主见的女孩。时代赋予了女孩更多的财富，如知识、能力，女孩不再是“无才便是德”，她们在自己的工作和事业上也可以独当一面，甚至创造出属于自己的一片天空。

优秀的人都该有个性和自己的思想

适用写作关键词：思想　领袖

哈佛大学破格录取的女孩

在2005年圣诞节的前夕，一位名叫汤玫捷的学生收到了哈佛大学的本科录取通知书，以及每年4.5万美元的全额奖学金。据了解，这种提前录取的情况，中国只有一个，亚洲也只有两个。它意味着，哈佛这所全球顶尖名校，视她为最符合哈佛精神、最需要提前抢到手的优异学生。

能进哈佛的人，一定是学习成绩最优秀、考分最高的学生。但汤玫捷所在学校的老师对她给予了这样的评价：她不是我们学校成绩最好的学生。她从来没有在各类数理化竞赛中摘金夺银，甚至连奥数课都没有上过。

这不禁让许多学生费解，哈佛是以什么标准招收学生呢？

拿起哈佛入学的申请表，你会发现，除了我们熟悉的考试成绩之外，还有一大堆学术背景。社会工作、兴趣爱好、老师推荐信，外加两篇小论文。汤玫捷担任过学校的学生会主席、辩论队成员，还作为交换学生到美国著名私校西德威尔中学学习过一年。甚至在那里，她也被好表现的美国学生称赞为“学生领袖型的人才”。

一位哈佛教授说：“哈佛不需要只会考试的应试机器，我们要求学生：有鲜明的个性，有学术精神，有领导能力。哈佛所培养的是国家未来的精英，是在政治、法律、金融、管理和学术各个领域的顶尖精英。哈佛重视的是一个年轻人的综合素质，从知识的适应能力到创造精神，从博雅文化到领袖气质。”哈佛需要和培养的是有思想、有想法的人，他们坚信，只有这样的学生，才能推动人类社会的快速进步。不仅在哈佛，在其他领域，那些有想法的人，也同样更容易受到重视，他们的发展潜能更加巨大。

知识窗

学生会主席：学生会作为学校当中的学生自治组织，是学校联系学生的桥梁、是学生自治的实现形式、是学生利益的忠实代表、是学生锻炼能力展示才华的重要舞台。学生会主席作为学生会的最高负责人，在学校学生自治工作中发挥着关键作用。有什么样的学生会，就有什么样的学生会主席，就决定了学生会主席的具体释义、地位、条件、产生和职责等具体内容。

励志点金石

拉姆："你可以从别人那里得来思想，你的思想方法，即熔铸思想的模子却必须是你自己的。"

不管在任何关键的时候，正确的想法都是解决问题的唯一途径。想法是大脑的活动，人的一切行为都受它的指导和支配。想法虽然看不见、摸不到，但它真实地存在着。有什么样的想法，就会有什么样的命运。

为你支招

如何成为有想法的女孩？

1.敢于质疑

在一个相对平等、宽松、和谐的家庭氛围中，女孩要善于大胆设想，敢于质疑、敢于提问，要清除自己怕提问、担心被嘲笑的心理疑虑，大胆地问、毫无顾忌地问，只要是质疑的声音，不管好与坏，不论对与错，都要积极思考。

2.善于提问

女孩应该掌握提问的方法，善于抓住重点，抓住关键处提问，向"真理""科学结论"提问，不能"浅尝辄止"，而应刨根问底，多角度思考问题，多方位提问。提一些有价值的问题，即通过表象看到实质的问题。同时，女孩要有充分的时间思考，便于深入思考。

3.自己寻找答案

解疑就是按照提出的问题进行研究探讨，从而让问题得到圆满的解决。在这个过程中，女孩能够学会探究的方法，增强能力，体会到成功的喜悦。而且，有利于女孩在解疑过程中发表独特的意见，提出有创造性的问题，得出符合问题的答案。女孩可以通过课外书、电视、网络、老师等多种途径来解决问题。

4.再质疑

犹太人认为，“疑—质疑—解疑—再起疑—质疑—解疑”，这是一个反复的过程。女孩在探究过程中发现问题，在解疑结论中再次产生问题。女孩应该明白，解决一个问题并不代表着结束，一个问题讨论结束并不代表着这个问题就结束了，应再次提问、再次探究。

掌控命运，女孩的人生要由自己做主

适用写作关键词：坚韧　命运

我的命运不被任何人主宰

许多年前，一位女性到美国南卡罗来纳州的一个学院发表讲话。这个学院规模并不是很大，但这位女性的到来，使得本来不大的礼堂里挤满了兴高采烈的学生，学生们都为有机会聆听这位大人物的演讲而兴奋不已。

经过州长的简单介绍，演讲者走到麦克风前，看着学生们，扫视了一遍，开口说："我的生母是聋子，我不知道自己的父亲是谁，也不知道他是否还活在人间，我这辈子所拿到的第一份工作是到棉花田里做事。"

台下的学生们都呆住了，那位看上去很和善的女人继续说："如果情况不尽如人意，我们总可以想办法加以改变。一个人若想改变眼前的不幸或不尽如人意的状况，只需要回答这样一个简单的问题。"接着，她以坚定的语气接着说，"那就是我希望情况变成什么样，然后全身心投入，朝理想目标前进即可。"说完，她的脸上绽放出美丽的笑容，"我的名字叫阿济·泰勒摩尔顿，今天我以唯一一位美国女财政部长的身份站在这里。"顿时，整个礼堂爆发出热烈的掌声。

阿济·泰勒摩尔顿是一位女性，一位生母是聋子、亲生父亲不知道是谁的女性，一位没有任何依靠、饱受生活磨难的女性；而恰恰是这位表面柔弱的女性，竟成为美国唯一一位女财政部长。说到自己的成功，她却只是轻描淡写地说："我希望情况变成什么样，然后就全身心投入，朝理想目标前进即可。"

有人说：“积极创造人生，消极消耗人生。”只有拥有好心态的人才能驾驭自己的人生，才能收获幸福与快乐。“心态决定命运”，自然，良好的心态必将带来好的命运、好的一生。

知识窗

演讲：演讲又叫讲演或演说，是指在公众场所，以有声语言为主要手段，以体态语言为辅助手段，针对某个具体问题，鲜明、完整地发表自己的见解和主张，阐明事理或抒发情感，进行宣传鼓动的一种语言交际活动。大体有如下四种：照读式演讲、背诵式演讲、提纲式演讲、即兴式演讲。

励志点金石

阿济·泰勒摩尔顿说：“我希望情况变成什么样，然后就全身心投入，朝理想目标前进即可。”

心态是人们的心理态度，简单地说，就是人的各种心理品质的修养和能力。当然，心态还包括人的意识、观念、动机、情感、气质、兴趣等心理素质，因此，心态对人的思维、选择、言谈和行为动作具有导向和支配作用。而恰恰是这种导向和支配作用决定了人生的繁盛与兴衰，决定了命运。

为你支招

女孩如何掌控自己的人生？

1.走自己的路

每个人都应该有一条自己的路，随波逐流的人，是不会得到欣赏的，只有特立独行才能吸引人们的注意。许多女孩不敢特立独行就是因为她们没有敢为天下先的勇气。抛开自己的成见，改变自己的怯弱，自己的人生还得自己来书写。女孩不要成为和别人一样的人，为什么不将自己的特色展现出来，为什么不让自己的优点长处凸现出来？

2.培养自己的雄心

有雄心是一件好事，这说明女孩有抱负，有宏伟的志向。有雄心的女孩会有坚强的意志去实现自己的目标，雄心会在潜意识中激发人的斗志。只要有雄心，目标就不再遥不可及。任何困难在有雄心的女孩眼中都不是困难，而是成功路上的垫脚石，有了这些垫脚石，就能更快更容易取得成功。

3.保持乐观的心态

女孩生活中总会遇到这样或那样的挫折，如跟朋友怄气、考试成绩下降了、被妈妈训斥了一顿等。对于这些小挫折，女孩应该保持乐观积极的心态，不要在乎这些事情，暂且忍耐一下就过去了，每天面带微笑地迎接新的一天。女孩应该知道，你怀着什么样的心态，就决定着什么样的命运。

做一个独立的、被别人尊重的女孩

适用写作关键词：独立　自强

我不需要依赖谁

李菲说：“或者因为我是在单亲家庭长大，自小就见到妈妈一个女人将我和弟弟养大，我们从来没有依靠过一个男人，所以，我从小到大的概念就是：女人一定要靠自己。即使以后有了男朋友，也不知道缘分到何时就结束了。而且，老了仍需要独自面对体力衰弱、健康问题，所以，女人要自强，最要紧的是经济独立。”

李菲看上去美丽、聪慧、温婉，从外表上看，有些让人怀疑她的身份。但正是这样一个女人，让江城房地产界刮起了最强烈的“美景天城”的旋风。或许，只有跟她说话，你才能感受到她那温婉之下隐藏的魅力：果敢、决断、大气和机智。而促使她最终走向成功的就是独立与自强，她说：“我认为美丽的女人应该是独立的、自强的。曾经有这样一句话：好女人是一所大学。一个独立自强心灵美的女人是一所大学，不但滋润着家庭，而且会在很多方面给周围的人带来启发。同时，潜移默化中，她的美丽、睿智、学识还会给孩子的成长带来极大的良性引导。”

一说到女孩的独立，人们总会想到一个高举红旗、坚决与男人进行抗争的女人形象。一直以来，这种形象在全世界被广泛宣传，于是，许多女孩觉得独立自强就是那个样子。其实，女孩的独立并不在于与男人的抗争，而在于找准自己的位置。独立自强是一种人生境界，它需要女孩具备高素质的心态和新的价值观。

女孩的独立体现在生活、思想方面。首先，女孩应该思想独立，在思想上，需要有自己的想法，发扬自己的个性，需要恰到好处，不可张扬。其次，女孩要生活独立，在家里自己的事情自己做，不要任何事情都依赖于父母，尤其是那些力所能及的事情，更需要自己动手做，如洗衣服、帮妈妈择菜、煮饭、打扫卫生等。

知识窗

大学：泛指实施高等教育的学校，指提供教学和研究条件和授权颁发学位的高等教育机关，“大学”是从拉丁语“UNIVERSITAS”派生的，大致意思是“教师和学者的社区”。

励志点金石

理查德·尼克松曾说：“我们有必要恢复对我们的理想、命运和我们自身的信念。我们活在世上不只是为了享乐和自我满足。我们负有创造历史的使命——不漠视过去、不毁弃过去、不向过去倒退，而是发奋向前、积极向上，为未来开辟新的前景。”

独立生存能力就是女孩遇事有主见，有成就动机，不依赖他人就可以独立处理事情，积极主动地完成各项实际工作的品质，同时，它伴随勇敢、自信、认真、专注、责任感和不怕困难的精神。

为你支招

如何成为一个独立自主的女孩？

1.在游戏中培养积极性

在平时的生活中，孩子不妨通过游戏来培养自己的积极性，如洗脸时与父母比赛，看谁的脸洗得又快又干净。通过这样一些活动，培养自己独立自主的生活能力。同时培养自己的自我教育、自我观察、自我体验、自我监督、自我批评、自我评价和自我控制等能力，培养自己的时间观念，让自己懂得什么时候应该做什么事情且一定要做好。

2.培养独立意识

女孩需要长大，如果已经成为一个大孩子了，那在生活和学习方面就更不能完全只依靠父母和老师，而应慢慢地学会生存、生活、学习和劳动。自己的事情自己做，遇到问题和困难自己要想办法解决。

3.合理安排闲暇时间

女孩不妨在近期作一个理智的分析，看看自己短期之内可以达到哪些目标，各种活动对自己发展的意义有多大等，然后作出相应的时间安排，并在执行计划的过程中不断修改。女孩可以利用平时的闲暇时间，开展一些有益的活动，如唱歌、跳舞、下棋等，尽可能培养孩子的兴趣爱好，让生活变得更充实。

4.培养孩子的生活自理能力

在平时的生活中，女孩们应学会自己起床睡觉，学会摆放碗筷、收拾饭桌；学会洗简单的衣物，如小手绢、袜子等。隔一段时间，女孩可以整理自己的房间一次，这样逐渐形成独立生活的能力。即便有些家务较难，但只要养成全力以赴的习惯，也会对自己的性格产生积极的影响。

学会独立思考比获得知识更重要

适用写作关键词：思维　变通

思维的魔力

匈牙利在20世纪40年代发明了圆珠笔，由于它易于书写和便于携带，所以一经问世便风行全球。可好景不长，这种圆珠笔在使用一段时间后就会漏油，容易弄脏纸张及衣袋。

对此，圆珠笔发明者及很多研究圆珠笔的人都反复进行研究，他们发现毛病出在笔尖的滚珠上。原来，滚珠会在书写时受到磨损，而墨油就从磨损部位漏出来。他们将注意力集中在滚珠上，拼命提高滚珠的耐磨性。当滚珠的耐磨性改善后，滚珠与笔杆接触的耐磨问题又冒出来了。

田藤三郎却发现了问题中的奥秘。在他看来，圆珠笔很有发展前途，假如能改进漏油问题，将会获得比那圆珠笔的发明者更多的财富。他仔细分析了圆珠笔的结构及出毛病的原因，也总结了许多人对改进漏油问题的失败经验，最后，他采取逆向思维，获得了防止圆珠笔漏油的方法。

他的方法很简单：通过反复试验，统计当圆珠笔写到多少字后就漏油，在掌握这个数量的基础上，着手减少笔芯的装油量，减少到圆珠笔磨损至开始漏油前笔芯中的笔油已经用完，这样也就无油可漏了。笔芯的油用完了，可换支笔芯，圆珠笔可继续使用。

独立思想是击破思维定式的有效武器，无论是在创新思考的开始，还是在其他某个环节上，当我们的创新思考活动遇到障碍、陷入某种困境，难以再继续下去的时候，往往有必要认真检查一下：我们的头脑中是否有了某种思维定式在起束缚作用？我们是否被某种思维定式捆住了手脚？

知识窗

圆珠笔（Ball Point Pen）：或称原子笔，是使用干稠性油墨，依靠笔头上自由转动的钢珠带出油墨转写到纸上的一种书写工具。其有不渗漏、不受气候影响、书写时间较长、无须经常灌注墨水等优点，而且价格比较低廉，是近些年来最为风行世界的书写工具。

励志点金石

富布赖特说：“我们要敢于思考‘不可想象的事情’，因为，如果事情变得不可想象，思考就停止，行动就变得无意识。”

思考就像播种一样，播种越勤，收获越丰。一个善于独立思考的女孩子一定能品尝到甘甜的果实，享受到丰收的喜悦。爱因斯坦曾说：“学会独立思考和独立判断比获得知识更重要。”他还说：“不下决心培养思考习惯的人，便失去了生活的最大乐趣。”

为你支招

女孩们如何培养自己的独立思考能力？

1.学会独立思考

女孩在平时生活中要学会独立思考，每次遇到什么难题，都要留给自己思考的空间，而不是动不动就问父母或老师。当遇到一些事情或问题的时候，多问问“这是怎么回事”“假如是我，我会采用什么办法”“对这件事，我是怎么想的”，像这样提出一些问题，引起自己思考，并逐步展开思考。即便自己很长时间都没有思考出什么，也不要着急，休息一下，再思考或许就有答案了。

2.培养自己的好奇心

孔子说过：“学而不思则罔。”这是学习与思考的关系，也说明了思考对于学习的重要性。好奇心是女孩子的天性，她们会不断地问“为什么”。这时候，不要因父母的压制而克制自己的好奇心，而要培养自己的好奇心。抓住每一次独立思考的机会，积极思考探索，在思考中自己找出答案，有意识地培养自己独立思考的能力。

3.鼓励自己大胆发问

有人曾经问大哲学家穆尔谁是他最得意的学生，穆尔毫不犹豫地回答：“是维特根斯坦。”“为什么？”“因为，在我所有的学生中，只有他一个人在听我讲课的时候老是露出迷茫的神色，老是有一大堆的问题。”后来，维特根斯坦的名气超过了罗素，当有人问到罗素为什么会落伍时，穆尔坦率地说：“因为他已经没有问题了。”

由此可见大胆提问的重要性，这表明她是在积极思考的，而鼓励提问更是智力教育的一种重要方法。平时鼓励自己大胆提问，问得越多，知道得越多，越能增强自己的独立思考能力。

睿智的女孩总是在努力解决问题

适用写作关键词：改变　机会

从改变开始

惠普中国区首席财政官韩颖说：“好的设想常常被扼杀在摇篮里，但这绝对不是你变得平庸的真正原因，永远不要害怕改变，改变里就有契机。”

当年，韩颖离开了自己工作九年的海洋石油公司，正式加入惠普公司，在财务部工作。那年，她34岁，面对周围朋友的异议，她说：“人生什么时候改变都不会晚。”

在20世纪80年代末期，惠普公司的员工还没有工资卡，每次发工资都是手工完成。三百多人的工资，又没有百元大钞，韩颖必须得一一核实，经常数钱数得头都晕了。无意中经过公司附近的一家银行，韩颖灵光一现，为什么不给员工开户，让员工凭着折子领取工资呢?

说做就做，她兴奋地告诉大家以后领工资不用去排队等候了，直接拿着折子就可以去银行领取了。但是，事情并不顺利，先是员工有抵触情绪，然后，上级领导又把韩颖批评了一顿。回到财务部，韩颖努力忍住自己的眼泪：难道自己真的错了吗?

正在这时，公司的上层领导听说了这事，赞扬了她：“你改写了公司手工发工资的历史，这种勇气和创新精神非常值得嘉奖！”

韩颖对自己的人生很有想法，她所做的努力就是改变自己。改变，它本身带着一种破坏性，意味着你将破坏以前固有的东西，而重新去接纳一种新的东西。几乎所有的改变都具有破坏性，即使是好的改变。但是，在生活中，许多事情都是需要改变的，这是不容拒绝的。

知识窗

惠普公司（Hewlett-Packard Development Company， L.P.，简

称HP）：总部位于美国加利福尼亚州的帕罗奥多（Palo Alto），是一家全球性的资讯科技公司，主要专注于打印机、数码影像、软件、计算机与资讯服务等业务。惠普（HP）是世界最大的信息科技（IT）公司之一，成立于1939年。惠普下设三大业务集团：信息产品集团、打印及成像系统集团和企业计算及专业服务集团。

励志点金石

哈佛人懂得，不管在任何关键的时刻，正确的想法都是解决问题的唯一途径。

在现实生活中，我们常听人说："我一天到晚都很忙，忙得都没有时间去想。"然而，就是"没时间去想"这五个字，成为成功与失败的分水岭。平庸的人只知道"埋头拉车"，而那些睿智的人却努力想出解决事情的最好方法。

为你支招

如何成为有内涵的女孩子？

1.有见解

在平时生活中，遇到一些事情时，女孩要善于提出自己的见解，哪怕你觉得这个见解并不完全合适，也需要大胆说出来，要的就是与众不同。比如，在上课时，当老师针对一个问题提问的时候，女孩心中有了答案，就不要退缩，而要大声说出自己的答案。

2.多读书

女孩通过广泛的阅读可以获取各种知识，毕竟知识是一个人思想的材料，所谓“思而不学则殆”，建立完整的、系统的知识结构对女孩思考问题非常重要。在睡前或周末休息时候，女孩应该保持每天阅读的习惯，所涉猎的书籍可以是天文地理、文学读物等。

3.增加自己的阅历

要有意识地增加自己的阅历。不要怕害羞，也不要总是宅在家里，而应常跟着父母走出门，如跟随父母参加聚会、活动等。即便没有父母的陪伴，女孩也可以与同学、朋友一起去郊游，甚至策划一些聚会活动。那些社会公益活动，积极主动参加，会让女孩受益不少。

4.多认识几个志同道合的朋友

俗话说：“近朱者赤，近墨者黑。”在每个班级都会有一些品学兼优的学生，女孩要善于与这样的学生交往，多听听他们对一些问题的看法，平时也可以相互交流一下对某书籍的观后感。女孩要善于汲取别人好的见解，综合自己的想法，提炼出独立的思想。这样，时间长了，自然会成为有想法的女孩。

第4章

好女孩有好习惯，心怀天下也要先扫一屋

孔子说：“少成若天性，习惯如自然。”意思是小时候形成的良好行为习惯和天生的一样牢固。近代英国教育家洛克在其《教育漫话》中说道：“儿童不是用规则教育就可以教育好的，规则总是被他们忘掉。你觉得他们有什么必须做的事，你便应该利用一切时机，给他们一种不可缺少的练习，使它们在他们身上固定起来。这就使他们养成一种习惯，这种习惯一旦养成之后，便不用借助记忆，就能够很容易、很自然地发生作用了。”

人生短促，抓紧时间做有益的事

适用写作关键词：立即　坚持

马上出发，成为自己想做的人

安妮是哈佛大学里艺术团的歌剧演员，她有一个梦想：大学毕业后，先去欧洲旅游一年，然后要在纽约百老汇占有一席之地。心理老师找到安妮说：“你今天去百老汇跟毕业后去有什么差别？”安妮仔细一想，说：“是呀，大学生活并不能帮我争取到去百老汇工作的机会。”于是，安妮决定一年后去百老汇闯荡，老师感到不解：“你现在去跟一年以后去有什么不同？”安妮想了一会，对老师说：“我决定下学期就出发。”老师紧紧追问：“你下学期去跟今天去，有什么不一样呢？”安妮有点眩晕了，她决定下个月就去百老汇。老师继续追问：“一个月以后去跟今天去有什么不同？”安妮激动不已，说：“给我一个星期的时间准备一下，我就出发。”老师步步紧逼：“所有的生活用品在百老汇都能买到，你一个星期以后去和今天去有什么差别？”安妮激动地说：“好，我明天就去。”老师点点头：

“我已经帮你预定了明天的机票。”

第二天，安妮飞赴百老汇。当时，百老汇的制片人正在酝酿一部经典剧目，许多艺术家都前去应聘。当时的应聘步骤是先挑出10个左右候选人，然后，再要求每人按剧本演绎一段主角的对白。安妮到了纽约后，没有着急打扮自己，而是费尽心思从一个化妆师手里要到了剧本，在以后的两天时间里，她闭门苦练，悄悄演练。到了正式面试那天，安妮表演了一段剧目，她感情真挚，表演惟妙惟肖，制片人惊呆了，当即决定主角非安妮莫属。

安妮到纽约的第一天就顺利进入了百老汇，穿上了她人生中的第一双红舞鞋，她的梦想实现了，她成了百老汇的一名演员。尽管之前她犹豫不决，不过她依然抓住了时机——马上出发。在生活中有许多追逐梦想的人，总是磨磨蹭蹭，前怕狼后怕虎，结果硬生生地耽误了时间，错失良机。

知识窗

百老汇（Broadway），原意为“宽阔的街”，但另一种说法认为这个名字是从荷兰文Brede weg翻译过来的，这和把Wall Street翻成华尔街是相同的道理。百老汇大道（Broadway）为纽约市重要的南北向道路，南起巴特里公园（Battery Park），由南向北纵贯曼哈顿岛。由于此路两旁分布着为数众多的剧院，是美国戏剧

和音乐剧的重要发祥地，因此“百老汇”成为音乐剧的代名词。

励志点金石

斯宾塞说：“必须记住我们学习的时间是有限的。时间有限，不只是由于人生短促，更由于人事纷繁。我们应该力求把我们所有的时间用来做最有益的事情。”

时间对我们每个人都是平等的，谁有紧迫感，谁珍惜时间，谁勤奋，谁就可以得到时间老人的奖赏。养成良好的时间观念是一个人做事成功的基本前提，不过这并不意味着全部，特别是对女孩子而言，良好的行为习惯是多方面的。

为你支招

女孩如何对自己的时间进行管理？

1.提高学习效率

为了提高效率，需要科学地利用大脑。因为，用脑的时间长了，大脑会变得迟钝。通常，学习一个小时左右，大脑就会疲倦，如果这时依然继续学习，学习效率是较差的。所以，女孩应交替学习，这样大脑各部分就可以得到轮流休息，从而达到提高学习效率的目的。

2.善于利用时间

对于一些事情，最好是用整体的时间一气呵成，最后才能出个结果。对此，女孩要善于利用时间，比如，计算一道很困难的数学题，假如每天思考一会儿，又去干别的事情，那第二天再来思考的时候，就又会记不得昨天的思路，这样就很耽误时间。

3.避免养成磨蹭的习惯

女孩只有在体会到磨蹭会给自己带来损失之后，她才会自觉地快起来。比如，女孩早晨有赖床的习惯，假如女孩真的迟到了，且因此受到老师批评，她就会意识到磨蹭给自己带来的害处了。

4.巧妙利用倒计时

对于女孩来说，有的事情是硬性任务，必须在某个时间段完成，这时女孩可以利用“倒计时”的方法来安排时间。比如，在一个月之内必须做完的事情，算算还有多少天，规定每天做多少，当天没有完成的话，需要及时补上。女孩要明白，假如不能按时完成，错过了机会，那就前功尽弃。

5.有一个规律的作息时间

女孩子心理过程的随意性较强，自我控制能力比较差，如经常一边吃饭一边看电视。一件事情没有做完，心里已经开始想到另外一件事情了。这样一不注意就会养成“拖拉”的坏习惯，而良好的作息习惯是养成时间观念的前提。女孩子可以制作一张作息时间表，什么时间起床，洗漱需要多长时间，吃早餐需要多少时间，放学后做什么，几点睡觉，对这些都作出合理的安排。只要将作息时间固定下来，形成习惯，女孩就会对时间有一个明确的认识，养成良好的时间观念。

身体是本钱，女孩要有健康保养的意识

适用写作关键词：营养 健康

健康是最大的财富

梦洁刚刚大学毕业，在家人朋友的帮助下找了一份不错的工作，每个月薪水不少，就是太忙了，忙得都没有睡觉的时间。所以，为了早上能赖那么十几分钟的床，她索性省了早餐。有时候，闻着隔壁小吃店的美味，她也会忍不住买点吃的东西。但是，她从来不喝牛奶不吃面包，她觉得那样的饮食搭配显得寡然无味，还不如吃点油炸食品。

中午的时候，当别的同事都出去吃饭了，梦洁还在公司忙碌着，经常都是喊外卖，吃着快餐店的饭菜，她也分辨不出什么是美味、什么是难吃，只要能吃饱就好了。在她看来，中午不用花多少心思，不如留着肚子晚上吃个痛快。傍晚，梦洁结束了一天的工作后，会约上几个好朋友去酒吧玩，喝酒唱歌跳舞，好像把白天工作带来的那种负荷都摆脱得一干二净。玩到很晚，大家才散伙，因为在酒吧只顾着喝酒，这时候才发觉饿了，于是她会吃些路边的烧烤，或者回家煮包泡面。

她从来没有觉得自己的饮食有什么问题，直到最近觉得身体不太对劲。在医院，当医生把“亚健康”这样的字眼抛给梦洁时，她有些不相信，自己才刚刚大学毕业，正值青春年华，怎么会处于亚健康状态？医生笑着说：“就是你们这个年龄，自认为年轻身体就好，不珍惜身体，不注意饮食。所以，你们要特别注意自己的饮食习惯，否则还会引发身体疾病。”梦洁拿着医师开的营养饮食清单，心里却在想，自己还真舍不得那深夜的美味烧烤呢！可是，一方面又是身体的健康问题，她陷入了纠结。

也许，我们身上都有梦洁的影子，不讲究早餐午餐的营养，却贪念深夜的美味烧烤。但是，如果不良的饮食习惯和身体健康摆在面前，自己又会作出怎么样的选择呢？虽然受到了医生的警告，但有的人还是“不见棺材不掉泪”，任性地折腾自己的身体，直到躺进了医院才发现事情的严重性。

知识窗

亚健康：是一种临界状态，处于亚健康状态的人，虽然没有明确的疾病，却出现精神活力、适应能力和反应能力下降等情况，如果这种状态不能得到及时的纠正，非常容易引起身心疾病。亚健康即指非病非健康状态，这是一类次等健康状态，是处于健康与疾病之间的状态，故又有“次健康”“第三状态”“中间状态”“游移状态”“灰色状态”等的称谓，我国普遍称为“亚健康状态”。

励志点金石

巴尔扎克说：“有规律的生活原是健康与长寿的秘诀。”

正处于青春期的女孩子，正是长身体的重要时期，所以在这一时期你们的身体需要得到锻炼，这样才能够铸就健康的身体。许多青春期女孩子因为缺少运动成了“小胖墩、小四眼、小驼背”，这样的身体状况很容易造成内心的自卑心理。女孩平时学习比较紧张，有时候身体会吃不消，这时候更需要一个强健的体魄来支撑学习。身体就是革命的本钱，只有拥有健康的身体，才会使你的学习更加进步。

为你支招

女孩如何保持强健的身体?

1.预防近视

培养正确的读书、写字姿势，不要趴在桌子上或扭着身体；看书写字时间不能太长，持续一个小时左右就需要进行短时间休息；认真做好眼保健操；多进行一些户外运动，如放风筝、打羽毛球。另外，在饮食上，还需要注意多吃些维生素含量较丰富的食物，如各种蔬菜及动物的肝脏、蛋黄等。

2.劳逸结合

在平时的生活中，注意劳逸结合，避免过度疲劳；保持情绪稳定，以免因为情绪波动而影响血压波动；适当锻炼身体，多做一些有益于健康的锻炼，如游泳、跑步等；不吸烟、不酗酒，坚持良好的行为习惯。

3.保证充足的营养

青春期是每一个女孩子身体发育的最重要时期，也是一个关键时期。在这一时期，身体的每一个部位都在生长，而这时就需要足够多的营养，只有营养充足，才能保证健康顺利地成长。因此，每日摄取的食物中要保证有足够的热量及蛋白质。当然，在摄取高热量、蛋白质膳食的时候，应该以平衡膳食、全面营养为原则。应当平均膳食，做到荤素搭配、主副食搭配，每顿饭中食物种类多一点才好。

4.适当运动

许多女孩子不愿意外出运动，天天窝在家里玩电脑，还有部分女孩子喜欢睡懒觉，一到休息日就睡到中午，从来不吃早饭，又怕热又怕冷，不愿运动。其实，女孩在学习之余，可以进行适当的运动，如跑步、打羽毛球、打乒乓球等，以此达到锻炼身体的目的。

女孩不要做轻浮和虚荣的贪食者

适用写作关键词：虚荣　嫉妒

虚荣的代价

早上，王雯穿着新买的裙子上班，心里别提多美了，她心想：这身打扮应该会把办公室那群人给比下去，不知道多少人会称赞自己有品位呢！她一边想着，一边乐，忍不住对着公司大门的镜子整理头发。来到办公室，王雯还没有来得及炫耀自己的新裙子，就看到一大群女人围着李倩，大家嘴里发出阵阵赞叹声。王雯心中顿感不快，挤着围过去一看，原来，李倩今天也穿了条新裙子，而且，无论是款式还是质量，都在自己所穿的裙子之上。王雯看了一眼，满脸不屑，气冲冲地走了，身后传来同事的议论："她总是这副样子，爱比较，比了又生气，真是，搞不懂这个人……""可不是嘛，要我说啊，就是嫉妒心在作怪，每次都这样子，都已经习惯了。"

听了同事的议论声，王雯怒火腾地升起，她回过头，大声责问道："你们说谁呢？"同事纷纷走开了，只留下脸红脖子粗的王雯。生气的王雯进了卫生间，对着镜子重新审视自己的裙子，越看越生气，一气之下，王雯拉着裙子的下摆猛地一扯，本来只是想发泄心中的怨恨，没想到，新买的裙子居然被扯出了一条长长的口子。看着镜子中的自己，王雯气得哭了起来。

对于一些虚荣、私心较重、心理欲望较多的人来说，他们时常会因为攀比把自己气得够呛，到最后，他们也不知道事情到底错在哪里。心胸狭窄的人，总喜欢以己之长比人之短，喜欢计较个人名利得失，越比较越是痛苦，感觉自己真的“吃了亏”或“运气不好”，甚至开始抱怨自己是“生不逢时”。看到自己的朋友当了官、发了财，自己的心理就很不平衡，总想着之前他还不如自己呢，但是，他们从不去思考对方取得成功的原因。

知识窗

虚荣心：是指过分爱面子、贪图追求表面光彩的不良心理，是思想作风不扎实、心理素质不健康的直接表现。虚荣心是自尊心过度的表现，是为了取得荣誉和引起普遍注意而表现出来的一种不正常的社会情感，是一种复杂的心理现象。

励志点金石

莎士比亚说：“轻浮和虚荣是一个不知足的贪食者，它在吞噬一切之后，结果必然牺牲在自己的贪欲之下。”

虚荣心强的孩子在成长过程中经常会出现这样一些问题：

为了满足虚荣心理而经常说谎，情绪不稳定，不认真学习，缺乏意志力等。虚荣心对青春期的孩子来说是一种可怕的心理。心理学家认为："虚荣心是以不适当的虚假方式来满足自尊的一种心理状态。"

为你支招

女孩们如何丢掉虚荣心？

1.树立正确的荣誉观

女孩只有树立了正确的荣誉观，有了荣誉感，才会激励自己不断进取、不断奋发向上。女孩应该明白这个道理："同学们吃大餐、穿名牌、坐名车并不值得羡慕、嫉妒，因为这不是一种荣誉，只有品学兼优才是一种荣誉。"

2.学会自食其力

当女孩为了虚荣心而攀比的时候，你可以告诉自己："不是不可比，而是要通过自己的努力，去创造与别人相同的条件，从而巧妙地将攀比化成动力。"比如，女孩想跟别的孩子比手机的档次，那女孩可以自己打工、攒零花钱购买手机。这样不仅解决了女孩盲目攀比的难题，还让女孩形成了节约意识，养成动手动脑、发明创造的习惯。

播撒爱的种子，收获满满的幸福

适用写作关键词：帮助　爱

爱的真谛

詹妮·林德是瑞典最杰出的歌唱家。有一次，林德正和一个朋友散步，看到一个老妇人摇摇晃晃地走进了一所救济院的大门。看着老妇人蹒跚的脚步，林德的同情心突然之间被激发了，她想帮助这位老妇人。于是，林德也走进了那扇大门，并装作需要在那里休息一会儿的样子。

林德友好地向老妇人打招呼，两个人闲聊了起来，然而，令人惊讶的事情发生了，这个老妇人随即谈起了自己所仰慕的歌唱家詹妮·林德。老妇人说："我已经在世上活了很长很长的时间了，在我死之前，我没有别的想法，我特别想听听詹妮·林德的歌声。"林德问她："那会让你感到快乐吗？"老妇人笑着点点头："是啊，但像我这样的穷人是没办法去音乐厅的，也许，我永远听不到她的歌声了。"林德笑着说："谢谢你们的肯定，请坐，我的朋友，听我唱一首吧！"

美妙的歌声响起来了，詹妮·林德真诚地歌唱了自己最拿手的一支歌曲，老妇人十分高兴。林德对她说："现在，你已经听过詹妮·林德的歌声了。"

詹妮·林德不仅是杰出的歌唱家，更是点缀心灵的有爱心的人。一个能为别人付出时间和心力的人，才是真正富足的人，因为，帮助别人不仅利人，同时会有效地提升自己的人生价值，这就是爱的真谛。爱别人的同时，我们自己也获得了一份持久的爱，这是爱的双赢。爱，本身就充满着感动与温暖，爱需要真心为之加油，这样爱心才会更持久，并爆发出更巨大的力量，而那些感受到爱的人将会更多。

知识窗

瑞典：全称瑞典王国，位于北欧斯堪的纳维亚半岛的东南部，海岸线长7624千米，总面积约45万平方公里，是北欧最大的国家。 瑞典由于气候寒冷，农业比重较小。瑞典工业发达而且种类繁多，拥有自己的航空业、核工业、汽车制造业、先进的军事工业，以及全球领先的电讯业和医药研究能力。在软件开发、微电子、远程通讯和光子领域，瑞典也居世界领先地位。瑞典是欧洲最大的铁矿砂出口国。瑞典是世界上拥有最多跨国公司的国家。

励志点金石

梵高说：“爱之花开放的地方，生命便能欣欣向荣。”

在生活中，你要珍惜爱你的人和你爱的人，这样你才能领悟到爱的真谛，莫等到生命消逝，才开始追悔莫及。用心感受爱的真谛，相信在爱的国度里，我们会付出更多的关怀，给予他人更多的照顾，多一份坦诚，多一份沟通，以真心为爱加油。

为你支招

女孩们如何在心里种下爱的种子?

1.成为家里的小帮手

妈妈的手受伤了，无法干家务活，而爸爸又外出了，这时候，女孩按着妈妈的吩咐自己做了稀饭，并且在饭后主动刷碗，受到了妈妈的称赞。其实，在家里一些简单的家务活是难不倒孩子的，对父母的辛苦，女孩应该主动帮忙分担，成为家里的小帮手。在这个过程中，女孩可以认识到，帮助了别人，自己也会感到快乐。

2.每天花时间与长辈聊天

尽管家里的爷爷奶奶、外公外婆从小照顾女孩，然而，随着女孩渐渐长大，她们有时还会嫌老年人啰唆、烦，不喜欢跟他们待在一起。这样的想法是不对的。爱就是从家里出发，在平时空闲的时间里，要多跟长辈聊天，这样他们就感到满足了。

3.乐于助人

不管是在家里，还是在学校，女孩都要养成乐于助人的习惯。比如，帮妈妈煮饭、帮爸爸打印文件、帮爷爷倒茶；在学校里帮同学扫地、帮同学补习功课、帮老师擦黑板等。一旦女孩养成乐于助人的习惯，就会感受到其中的乐趣。

4.多参加公益活动

女孩平时要积极参加公益活动，如植树、除草，同时，主动帮助邻居取牛奶、拿报纸，让自己在事情本身中感受乐趣。当然，女孩还可以去做一些有益的事情，如照顾妹妹，或者帮助弟弟制作玩具，这可以培养自己主动帮助他人的品质。

好的学习习惯能让成功来得更容易些

适用写作关键词：学习 记忆

惊人的记忆力

公司准备举办一场宴会，需要把最近几年来公司的客户以及相关的人员都请来，借此机会联络一下感情，一起探讨未来的发展合作计划。可粗心大意的玛丽不知道怎么搞的，鼠标一点，一下就把联系人的电子文档覆盖了，瞬间名单和电话全没有了。经理要求下午必须把邀请函发出去，可现在名单和联系方式全没有了，这可怎么办呢？

新来的同事维茨里走了过来，安慰道：“你先别急，这份文件我看过，你先把你能记住的在中午之前给我，能做到吗？”玛丽点点头，努力回忆着文件里的名单和数据。下午维茨里拿着笔记本走过来，说：“玛丽，你看一看名单。”名单和数据全在电脑上，玛丽惊讶极了：“这么多人，你怎么记住的？”维茨里指着自己的大脑，笑着说：“靠这里记下来的，这是我们犹太人的自豪。”

玛丽很感兴趣：“你们是怎么教育孩子的，怎么记忆力如此惊人呢？”维茨里笑着说：“从小就背诵《圣经》，这可以培养我们的记忆力，比如，我儿子现在才两岁多，就能完全背诵一整页的《圣经》内容了。”玛丽有些疑问：“可是，《圣经》的内容好生涩，他能懂吗？”维茨里回答说：“不用他懂，他现在只要会背就行，慢慢地，以后他长大了就有我这样的超强记忆力了。”玛丽不禁感叹：“犹太人真不愧是世界上最聪明的民族！”

学习就是一个不断重复的过程。天生就聪明过人的孩子毕竟是少数，只有在学习过程中不断地重复，才能加深自己对知识的记忆，才能为孩子以后的学习打下基础。就如何重复学习，新东方的俞洪敏曾说：“每天挤出一段时间来积累和持久关心一件事情，你就会成功。实际上，成功的秘诀就和背单词一样，就是一个不断重复的过程。先做专，再做宽，先做到本本精，再做到本本通，才能够成就大事。先单词，后课文。每天写下三到五件事情，一步步做下来，安排好，我就是这样的。”

知识窗

圣经：《圣经》（希伯来语：יבליהב，拉丁语：Biblia，希腊语：Β β λ ο，英语：Bible，俄语：б и б л и я），犹太教和基督教（包括天主教、东正教和新教）的宗教经典。犹太教的宗教经典是指《圣经》《旧约》部分，即《塔纳赫》（或称希伯来《圣经》），而基督教的《圣经》则指《旧约》和《新约》两部分。《圣经》是西方文化的重要源泉，也是一部包罗万象的百科全书。它是世界上发行量最大、发行时间最长、翻译成的语言最多、流行最广而读者面最大、影响最深远的一部书，并已被列入吉尼斯世界纪录大全，联合国公认《圣经》是对人类影响最大最深的一本书。

励志点金石

韩愈说：“书山有路勤为径，学海无涯苦作舟。”

重复式的学习方法是每个女孩最常用的也是必须用的学习方法，同时也是最基本的学习方法。即便是再简单的方法，也是建立在重复学习的基础之上的，没有重复的过程，知识还在书本上，不会成为自己的。而只有真正地掌握了知识本身，女孩才能体会到它深刻的含义，才能使知识成为她们自身知识的一部分。

为你支招

女孩如何养成好的学习习惯?

1.制订合适的学习计划

许多女孩抱怨自己太累，要看要学的东西太多了，每次面对课本都无从下手，其实造成这个现象的最大原因就是学习没有计划性。制订一个学习计划可以快速提升女孩的学习效率，让女孩在有限的时间里最大限度地完善自己的不足。比如，制订日计划和周计划，将计划与课本内容相结合，每天哪个时间段看什么课本，在多长时间内应该看完这本书，用多久的时间来复习，看到什么样的程度之后需要通过做题来检验。

2.做好课前预习

女孩在学校学习的时间是有限的，如果能养成预习的好习惯，课前把那些原本不会的学会了，掌握新知识，并对新知识积极思考，时间久了就会养成良好的学习习惯，增强自学能力。在以后的学习生涯中，女孩就会觉得越学越会学，越学越轻松，学习也就成为一种能力。

3.培养自己对弱势学科的兴趣

“兴趣是最好的老师”，有的女孩子偏科就是因为对该学科缺乏兴趣。对此，女孩应想办法培养自己对弱势学科的兴趣，多了解这个科目在现实生活中应用的事例，这样女孩会从心理上自觉消除厌恶感和抵触感。

4.复习计划要留有余地

许多女孩子虽然按照计划复习了，却并没有取得良好的效果，造成这种结果的原因是多方面的。针对重要考试所制订的复习计划，时间安排肯定是很紧的，但是复习计划还需要留有一定的余地，切忌“满打满算”。比如，晚上七点到八点复习语文，八点就开始复习数学，这样安排就太紧了，在这中间应该有个缓冲时间，七点到八点是学习语文时间，八点十五分以后才复习数学，这样，复习完语文之后可以轻松一些，喝水或者休息一会儿，而不是“连轴转”。这样也能避免女孩身体承受不了。

第5章

好女孩做自己，准确定位找到成才方向

在生活中，每个女孩都有自己独特的一面，在这个世界上绝对是独一无二的。所以，女孩千万不要因为某方面比别人逊色就懊恼，最终失去自我。如果你希望自己能够翱翔于蓝天，你是否知道自己最擅长什么呢？女孩子要找准自己的人生定位，努力做最好的自己。

给自己准确定位，展现出自己的人生价值

适用写作关键词：定位　坚持

浓雾中的方向

1952年7月4日清晨，加利福尼亚海岸还笼罩在浓雾之中，在海岸以西21英里的卡塔林纳岛上，34岁的费罗伦斯·柯德威克涉水进入了太平洋，开始向加州海岸游去，如果这次能够成功，她就会成为第一个游过这个海峡的女性。在这之前，费罗伦斯·柯德威克是第一个从英法两边海峡游过英吉利海峡的女性。然而，这天清晨，一切似乎没有想象中的顺利。海水冻得费罗伦斯·柯德威克身体发麻，由于浓雾越来越大，她几乎看不到护送自己的船。一个小时过去了，又一个小时过去了，无数的观众在电视上注视着她。对费罗伦斯·柯德威克来说，诸如此类的渡海游泳中最大的问题不是疲劳，而是刺骨的水温，15个小时过去了，费罗伦斯·柯德威克被冰冷的海水冻得浑身发麻，她知道自己不能再游了，就叫人拉她上船。而柯德威克的母亲和教练就在另一条船上，他们告诉她："海

岸很近了，不要放弃。”但是，罗伦斯·柯德威克朝加州海岸望去，前面是一片浓雾，什么都看不见。几十分钟以后，人们将柯德威克拉上了船，而拉她上船的地点，离加州海岸只有半英里。

当有人告诉柯德威克这个事实后，从寒冷中恢复知觉的她看起来很沮丧，她对记者说：“真正令我半途而废的不是疲劳，也不是寒冷，而是因为在浓雾中看不到方向。”在费罗伦斯·柯德威克的一生中，她只有这一次没有能坚持到最后。两个月后，柯德威克再一次尝试，这次，她成功地游过了这个海峡，她不但是第一位游过卡塔琳纳海峡的女性，而且比男子的记录快了大约两个小时。

对于柯德威克这样的游泳能手来说，尚且需要有明确的方向才能鼓足干劲完成她有能力完成的任务；对许多女孩而言，更需要为自己的人生确立方向。对机器而言，一个螺母假如找不到自己合适的位置，充其量不过是一块被称作螺母的废铁。

知识窗

加利福尼亚：加利福尼亚州（California）是美国西部太平洋沿岸的一个州。北接俄勒冈州，东接内华达州和亚利桑那州，南邻墨西哥，西濒太平洋。面积411013km^2。它的名称取自西班牙传说中一个小岛的名称。加州西北角有雷德伍德国家公园；东部内华达山脉西侧坡山麓地带有约塞米蒂国家公园、金斯峡谷国家公园；东南部有死谷国家纪念地、约书亚树国家保护区。

励志点金石

奥格·曼蒂诺曾这样写道：“我们的命运如同一颗麦粒，有着三种不同的道路。一颗麦粒可能被装进麻袋，堆在货架上，等着喂给家禽；有可能被磨成面粉，做成面包；还有可能撒在土壤里，让它生长，直到金黄色的麦穗上结出成百上千颗麦粒。人和一颗麦粒唯一的不同在于：麦粒无法选择是变得腐烂还是做成面包，或是种植生长。而我们有选择的自由，有行动的自由，更有心的自由。我不会让生命腐烂，也不会让它在失败、绝望的岩石下磨碎，任人摆布。”

在生命历程里，女孩要给自己准确定位，展现出自己的人生价值。

为你支招

女孩如何定位自己的人生？

1.你的特长是什么

女孩首先应该明白自己的特长是什么，是唱歌还是跳舞，是书法还是绘画，是语文还是英语……明确了自己的特长之后，才能够准确定位自己的人生，如有绘画特长的女孩可以朝着“画家”“美术专业”靠拢。当然，这并非绝对的，还需要参考女孩的文化成绩。当然，女孩不能自卑地认为自己完全没有特长，只要你仔细分析，就一定能够找到自己的特长。

2.正确评价自己

不管是自卑的女孩，还是自负的女孩，都应该对自己有一个正确的评价。自卑的女孩，不能只看到自己的不足，如成绩不好，或许你温和的个性能赢得不少同学的喜欢呢！而那些自负的女孩，不能只看到自己的优点，而忽视了自己的缺点。正确的评价往往是既有优点又有缺点，这才是一个全面的自我认识。

3.坚信自己的价值

女孩要学会善待自己，在考试考砸时鼓励自己，在学业上升时勉励自己。或许，在生活和学习的过程中，女孩总会遭遇无法避免的挫折与困难。不过，不管女孩受到什么样的打击，即便女孩正在经历着痛苦、挫折，也不应该忽视了自己的价值，不要觉得自己一无是处，也不要骄傲自大。要怀揣一份崇高的使命感，展现出自己的人生价值。

做自己，因为你是独一无二的

适用写作关键词：自信　独特

凯丝的龅牙

凯丝·戴丽（Cass Daley）是一位电车车长的女儿，她从小就喜欢唱歌和表演，她梦想着自己能够成为一名当红的好莱坞明星。然而，凯丝长得并不算漂亮，她的嘴看起来很大，还有讨厌的龅牙。每次公开演唱，她都试图把上嘴唇拉下来盖住自己的牙齿，并努力模仿好莱坞的当红明星。

有一次，她在新泽西州的一家夜总会演出，为了表演得更加完美，她在唱歌时努力拉下自己的上嘴唇来盖住那讨厌的龅牙，结果却令自己出尽洋相，这真是一次失败的演出。凯丝伤心极了，她觉得自己注定了要失败，她打算放弃自己最初的梦想。

正在这时，在夜总会听歌的一位客人却认为凯丝很有天分，他告诉凯丝：“我跟你说，我一直在欣赏你的演出，我知道你模仿的目的是掩盖什么，你觉得你的牙齿长得很难看。”凯丝低下了头，觉得无地自容，可是，那个人继续说道：“难道说长了龅牙就是罪大恶极吗？不要想去掩盖，张开你的嘴巴，观众看到你自己都不在乎，他们就会喜欢你的。再说，那些你想掩盖住的牙齿，说不定能给你带来好运呢！”凯丝接受了客人的建议，努力让自己不再去注意牙齿。

从那时候开始，凯丝只要想到台下的观众，她就张大嘴巴，热情地歌唱。最后，她成为了好莱坞的当红明星，许多喜剧演员都想要模仿凯丝的龅牙。

玛丽·玛格丽特·麦克布莱德也有相同的经历，当她初次上电台时，尝试着模仿一位爱尔兰演员，却没有成功。直到她后来回归自我，恢复了一个来自密苏里州的乡村姑娘形象，才慢慢地发展成为纽约州最受欢迎的广播明星。

知识窗

好莱坞（Hollywood），是美国加州洛杉矶的一个地名，由于美国许多著名电影公司设立于此，故经常被与美国电影和影星联系起来，而“好莱坞”一词往往直接用来指南加州的电影工业，是世界闻名的电影城。好莱坞不仅是全球时尚的发源地，也是全球音乐电影产业的中心地带，拥有着世界顶级的娱乐产业和奢侈品牌，引领并代表着全球时尚的最高水平，汇集着梦工厂、迪士尼、20世纪福克斯、哥伦比亚影业公司、索尼公司、环球影片公司、WB（华纳兄弟）派拉蒙等电影巨头。

励志点金石

爱默生（Emerson）曾在自己文章《论自助》中写道：“一个人总有一天会意识到嫉妒是没有用的，而模仿等同于自杀。因为，不管好坏，人只有凭借自己才能做得更好。因为，只有在自己的田里耕种，才能获得营养的玉米。上天赐予我们的能力是独一无二的、与众不同的，只有当你亲自努力尝试运用，你才会看明白这份能力到底是什么。”

为你支招

女孩如何做独特的自己？

1.选择适合的服装

莎士比亚曾说：“如果我们沉默不语，衣裳和体态会泄露过去的经历。”喜欢打扮的女孩子，你知道吗，如果你的打扮让人对你的身份产生不好的联想，那说明你的装扮很不合时宜。无论你是追求个性还是追赶潮流，最好还是选择符合自身年龄、身份的装束，这样你才会更加美丽。

2.找回自信

如果一个女孩子特别在意自己的外表，其实是不自信的表现，她通过穿着奇装异服来证明自己与众不同。这种情况下，女孩应该努力找回自信，重新建立自信。因为一个真正自信的人是不需要刻意证明自己的，更不会通过奇异的发型服饰来引起别人的注意。

3. 正确看待“时尚与美丽”

青春期女孩经常是跟着时尚走，社会流行什么，她就模仿什么。对盲目追逐时尚潮流的现象，女孩应该保持警惕心理。时尚就像浪潮，或许，你认为现在流行的是美的，但是，过不了多久，它就会被淹没在大海里，因为新的浪潮又打过来了；而你追逐时尚的过程，其实是一个永远没有办法停下来的过程。而且，真正的时尚来自于心里，而不是外在表现，就算你打扮再时尚，你依旧是一个学生。

4.明白“崇拜”“偶像”的真实含义

许多女孩子喜欢明星的理由竟然是“长得漂亮”“帅气”“歌唱得好”“打扮够时尚”，在这样一些肤浅的理由下，她们轻易地将明星当成偶像来崇拜。女孩需要明白，偶像值得崇拜的原因在于他为社会、为人类、为世界作出了杰出的贡献，在他身上有值得我们欣赏的高贵品质。或许，他们身上并没有什么耀眼的光环，他们就跟你们一样，只是一个普通人，但是，他们的一生不平凡……

放下过去，自信面对未来生活

适用写作关键词：坚韧　自信

三毛的童年

三毛是我国著名的作家。她小时候是一个非常勇敢而又聪明活泼的女孩，在12岁那年，她以优异的成绩考取了台北最好的女子中学——台北省立第一女子中学。在初一时，三毛的学习成绩不错，到了初二，数学成绩一直滑坡，几次小考中最高分才得50分。三毛心里很自卑。

但聪明而又好强的三毛发现了一个考高分的窍门。她发现每次老师出的小考题都是从课本后面的习题中选出来的，于是三毛每次临考都背后面的习题。因为三毛记忆力好，所以她能将那些习题背得滚瓜烂熟。这样，一连六次小考，三毛都得了100分。老师对此很怀疑，决定要单独测试一下三毛。

一天，老师将三毛叫进办公室，将一张准备好的数学卷子交给三毛，限她10分钟内完成。由于题目难度很大，三毛得了零分。老师对她很是不满。接着，老师在全班同学面前羞辱了三毛。他拿起蘸着饱饱墨汁的毛笔，叫三毛立正，非常恶毒地说："你爱吃鸭蛋，老师给你两个大鸭蛋。"他用毛笔在三毛眼眶四周涂了两个大圆圈。因为墨汁太多，它们流下来，顺着三毛紧紧抿住的嘴唇，渗到她的嘴巴里。老师又让三毛转过身去面对全班同学，全班同学哄笑不止。然而老师并没有就此罢手，他又命令三毛到教室外面，在大楼的走廊里走一圈再回来，三毛不敢违背，只有一步一步艰难地将漫长的走廊走完。

这件事情使三毛出了丑，她也没有及时调整过来，于是开始逃学，当父母鼓励她要正视现实、鼓起勇气再去学校时，她坚决地说“不”，并且自此开始休学在家。

休学在家的日子里，三毛仍然不能从这件事的阴影中走出来，当家里人一起吃饭时，姐姐弟弟不免要说些学校的事，这令她极其痛苦，以后连吃饭都躲在自己的小屋，不肯出来见人了。就这样，三毛患上了少年抑郁症，渐渐产生了自卑的心理。

少年时期的这段经历影响了三毛的一生，在她成长的过程中，甚至是在她长大成人之后，她的性格始终以脆弱、偏颇、执拗、情绪化为主导。这样的性格对于她的作家职业可能没有太多的负面影响，但这严重影响了她人生的幸福。

知识窗

三毛：原名陈懋平（后改名为陈平），中国现代作家，1943年出生于重庆，1948年随父母迁居台湾。1991年1月4日在医院去世，年仅48岁。三毛的作品具有浓郁的抒情色彩。无论是小说还是散文，她的文字里总是流露着女性的柔美和细腻。她在文章中对人物和景物进行了大量的白描。她总是写原生态的自然本色，不加以任何人为的雕琢。三毛刻画的人物也是通过对人物的外貌和语言进行白描来再现真实的人物形象的。三毛从生活的实际出发，表现出人物多方面矛盾统一的性格，给人留下了深刻的印象。

励志点金石

歌德曾说："唯一的命运不要想得太复杂，生存是义务，哪怕只有一刹那。"

每个人都应当谨记：昨天就像使用过的支票，明天则像还没有发行的债券，只有今天是现金，可以马上使用。今天是我们轻易就可以拥有的财富，无度挥霍和无端错过，都是一种对生命的浪费。

为你支招

女孩如何看待挫折和失败？

1.自我肯定与鼓励

当女孩遇到挫折困难的时候，可以进行自我肯定与鼓励，也可以向父母寻求安慰和必要的帮助，以便让自己不感到孤独。女孩不要给予自己消极的暗示，如"我真是太笨了，这么简单的事情都做不好"，这些反而会强化自己的自卑与挫败感，下次在挫折与困难面前，就更没有信心去面对了。

2.正确对待挫折

女孩对周围的人和事物的态度往往是不稳定的，容易受情绪等因素的影响。因而，在遇到困难与挫折的时候，也往往会产生消极情绪，不能正确地面对挫折。这时候，女孩需要谨记，“失败并不可怕，只要勇敢向前，一定能做好的”，把失败当作一次尝试的机会，重新鼓起勇气再次尝试。

3.给自己适当的压力

女孩要给自己适当的压力，有些事情学会自己去处理，让自己适应经历挫折，从挫折中找到解决的办法。如果女孩面临压力，可以向父母寻求帮助，不过千万不能将所有事情都推给父母，好像压力与自己无关。假如女孩觉得自己是世界上最好的、无往不胜的，不能接受批评、不能承受压力，那她在未来的生活中必定会充满痛苦，甚至有可能被压力所吞噬。

设定清晰目标，你已经成功了一半

适用写作关键词：目标　坚持

做最好的自己

叶乔波在10岁的时候就踏上了滑冰场，她是个追求完美的女孩子。当初那严酷的训练也让年幼的她疲于奔命，但为了完成心中的梦想，她咬着牙坚持了下来。18岁那年，她的头椎受伤了，她先后赴北京、沈阳几家大医院就诊，都被告知了相同的结论：如果继续练滑冰，将有瘫痪的危险。于是，摆在她面前的是继续与放弃这两个艰难的选择，但生性乐观、不服输的叶乔波选择了前者。

1988年，已经进驻冬奥会选手村三天的叶乔波突然被国际滑联取消参赛资格，并被罚停赛15个月，理由是她所服的中药里含有禁药成分。即将踏上自己的人生舞台，却被告知被取消了资格，这次的打击无疑是十分沉重的。23岁的她似乎承受不起，因为她的运动生涯已经越来越短暂了。

面对这样的结果，叶乔波一度丧失了希望，但她还是抱着积极乐观的心态来看待这一切。辛苦训练四年之后，她又一次站在了冬季奥运会的赛场上，准备充分的她以一连串令人震惊的成绩，让世人刮目相看。这时候她已经28岁了，困扰着她的依然是艰难的去留选择，她考虑了很久，最终以超人的毅力留了下来，并为自己设定了更高的目标，超越荣誉的决心使她战胜了病痛。

在一次又一次的比赛中，她用自己的身体演绎了完美的神话。即使受着病痛的折磨，她依然展现出最迷人的风采，用不断的奋斗来充实自己的人生。

孟子说：“天将降大任于斯人也，必先苦其心志，劳其筋骨，饿其体肤，空乏其身，行拂乱其所为，所以动心忍性，曾益其所不能。”即使周围的环境十分艰苦，或者自身所受的折磨十分痛楚，但只要你像叶乔波一样明确目标，给自己定位，你就一定能拥抱成功。反之，如果你从来没有清晰的目标，那么，不仅对成功没有半点促进作用，还会阻碍自己前进的脚步。

知识窗

滑冰（skating），亦称“冰嬉”，很多人认为，滑冰是从外国传来的“洋玩意”，事实上，早在宋代，我国就已经有了滑冰运动，不过，那时不叫滑冰，而称为“冰嬉”。“冰嬉”包括速度滑冰、花样滑冰以及冰上杂技等多种项目。

励志点金石

歌德曾说：“每走一步都走向一个终于要达到的目标，这并不够，应该每下一步就是一个目标，每一步都自有价值。”

无论一个人现在多大的年龄，其真正的人生之旅，是从设定目标那一天开始的，之前的日子，只不过是在绕圈子而已。要想获得成功，我们就必须拥有一个清晰而明确的目标，目标是催人奋进的动力。如果你缺失了目标，即使每天你不停地奔波劳碌，也还是无法获得成功；而成功者之所以能获得成功，是因为他们的目标明确。

为你支招

女孩如何明确目标、给自己定位？

1.与自身的资源相结合

女孩在设定目标时必须充分考虑自身的资源，有些女孩动不动就拿“别人”的标准来衡量自己，结果你还是你、我还是我，你永远也无法达到别人的标准。这样，女孩就容易陷入自卑的沼泽，就会消极地看待自己。

2.设定具体而明确的目标

女孩设定的目标必须具体而明确，有的女孩设定目标时只会“我要……”这样往往是比较笼统的。曾经有位教授做了这样一个实验：让两组实力相同的人练跳高，一组跳杆上没有高度，而教授只是说：“好好练习，你们可以跳得更高。”而另一组跳杆上标着高度，要求这些人跳到1.6米、1.7米……就这样一步步地跨越。最后的结果显示，第二组的成绩远远比第一组更优秀。所以，女孩应该明白，目标要具体而明确。

3.目标要兼有难度与梯度

太难和太容易的事情都不具有挑战性，也不会激发出女孩的热情。太高的目标会挫伤女孩的积极性，反而起到消极的作用；太低的目标，则不具有激励价值。对于难度比较大的事情，女孩不妨分段设定目标，这样就不至于给自己太大的压力。目标应有梯度，将目标细化，使其变成长、中、短期，甚至月、周、天，这样就可以一步步攀登。

4.目标可以适时调节

女孩所设定的目标可以适时调节，这并非朝令夕改，而是对实现目标过程中出现的新问题、新现象进行及时反馈。任何目标的达成，都需要一个过程。许多女孩的问题不在于不设定自己的目标，而是对目标的达成缺乏充足的认识，缺乏足够的努力去实现目标。有些女孩只希望立竿见影，或者最好是不费力气就可以坐享其成，结果往往无法实现目标。

女孩，别让“短板”成为你前进路上的障碍

适用写作关键词：扬长避短　放弃

扬长避短，做自己擅长的事情

俄罗斯女子撑竿跳运动员伊辛巴耶娃是世界上第一个撑竿跳打破5米纪录的女性运动员。众所周知，在撑竿跳这项运动中，伊辛巴耶娃确实是非常成功的。但是，谁能想到，她最初的梦想根本不是撑竿跳，而是体操。

伊辛巴耶娃从小就对体操情有独钟，她梦想着自己有一天

能成为世界体操冠军。为了实现自己的目标，她没日没夜地练习，不管是寒冷的冬天还是炎热的酷暑，伊辛巴耶娃对练习体操不敢有一丝的懈怠。遗憾的是，随着年龄的增长，伊辛巴耶娃个子越长越高。对于一个体操运动员而言，高挑的身材反而是一种缺陷。比如，其他运动员能够翻四个跟头，伊辛巴耶娃因为个子太高只能翻两个半。显而易见，伊辛巴耶娃1.74米的身高在体操队中没有任何竞争优势。

这该怎么办？如果继续在体操这条路坚持下去，最终只会碌碌无为，甚至有可能越来越处于劣势。于是，伊辛巴耶娃经过客观的分析、权衡，果断地告别了体操队，不过她依旧没有放弃自己曾经的梦想——成为世界冠军。她想到自己个子高，于是，又将梦想寄托在能够充分发挥自己身高优势的撑竿跳运动上。

经过不懈的努力，终于，伊辛巴耶娃在撑竿跳运动中赢得了举世瞩目的成就。她在24岁时就成为历史上最出色的女子撑竿跳运动员，曾十多次打破世界纪录，拥有5项重要赛事的冠军头衔：奥运会，世界室内、室外锦标赛，欧洲室内、室外锦标赛。

富兰克林曾说：“宝贝放错了地方就成了废物。”女孩别站错了位置，学会经营自己擅长的项目，能够让自己的人生增值；而经营自己的短板，只会让自己的人生贬值。伊辛巴耶娃无疑是聪明的，她放弃了自己喜欢但不能发挥自己优势的体操运动，转而选择自身更占优势的撑竿跳运动，从而成就了自己的世界冠军梦。所以，女孩们别把时间浪费在难以弥补的缺点上面，不要再让所谓的“短板”阻碍自己的成功之路。

知识窗

撑竿跳高（pole vault）是田径运动项目的一种。运动员借助竿子的支撑和弹力，以悬垂、摆体和举腿、引体等竿上动作使身体越过一定高度。撑竿跳高是一项技术复杂的田径运动项目。比赛时，运动员必须将撑竿插在插斗内起跳；起跳离地后，握在撑竿上方的手不得向上移动或将原来握在下方的手移至上方的手以上；可以在规定的任一起跳高度上试跳，但每一高度只有3次试跳机会。

励志点金石

德国钢铁大王奥古斯特·泰森说：“我之所以成功，不是因为我最努力，而是因为我只做自己最擅长的事情。”

人生是一个选择的过程，每个人都可以选择做自己喜欢的事情。但是，这个世界上没有谁是完美的，也没有谁是无所不能的。事实上，每个人都有自己擅长的事情，也有自己不擅长的领域。女孩应该站对位置，你可以选择自己不擅长的事情，不过，假如想要赢得成功，就应该做自己最擅长且最适合自己的事情，这样才更容易获得成功。

为你支招

女孩如何站对位置？

1.客观认识自己

女孩要想踏上成功之路，首先必须客观地认识自己，对自己作出正确的评价，包括擅长的科目、感兴趣的科目、不擅长的学科等。女孩不能只看到自己的优势，否则就会盲目乐观、自大；也不能只看到自己的缺点，否则就会消极、悲观。女孩应从客观的角度对自己进行分析，明确自己的优势和缺点。

2.扬长避短

女孩子应该明白，每个人或多或少都会在某方面存在一定的缺陷，即便取得伟大成功的人也不例外。如拿破仑个子非常矮小，罗斯福有小儿麻痹等。尽管那些后天如何努力都没办法改变的缺陷令人非常痛苦，不过，只要你懂得扬长避短，照样能赢得辉煌的成就。

3.平衡兴趣与优势

有的女孩根本不擅长绘画，但是她喜欢画画，结果学了几年还是学不好。这是为什么呢？当这个女孩将自己所有的精力和时间都用来画画的时候，她根本无暇顾及发挥自己的优势，如原本十分擅长的写作。所以，女孩应该平衡一下自己的兴趣与优势，你可以选择喜欢的东西，但这样很容易离成功更远；

反之，假如你学会管理缺点、短处，加强自己的优势、长处，在自己不擅长的事情上懂得适可而止，将更多的时间和精力放在自己擅长的事情上面，就会获得更多的自信、快乐，也更容易获得成功。

第6章

好女孩会学习，知识是别人抢不走的资产

犹太人认为，财富随时都可能被抢走，但是知识就不一样了，只有知识才是自己随身携带而又不会被人抢走的宝贵资产。在他们看来，每个女孩都应该接受教育、学习知识。因为，那些愚笨的人在接受了教育之后，才不会变得更愚蠢；聪明的人在接受了教育之后，就可以更好地发挥他们的能力；外表美丽的人在接受了教育之后，才会拥有更真实的内在；有权力的人在接受了教育之后，才会更好地利用智慧来运用权力。

知识可以让女孩更出色

适用写作关键词：知识　文化

才女李清照

大明湖畔，有一个风姿绰约的身影，风华绝代的她是词海里绝美的记忆，清香悠远，令人回味无穷，她就是旷世才女李清照。

李清照是中国古代的才女，她是婉约派词宗，受到世人的敬仰。她本是纤纤弱女子，却轻轻地拨动了文化的厚度与深度，谱出一曲曲不朽之作。她拈花微笑，她醉人心魄，只为了灵性而诗意的婉约宋词。出生书香门第的李清照，并没有做一个易碎的陶瓷娃娃。她从小耳濡目染，饱读诗书，出落成一个柔情似水的才女，16岁便写出名篇《如梦令》。她以独特的女性视角展现了真实的自我，形成了婉约而不媚俗的词风。

她的一生经历了国破，家亡，夫死，这一切都不是一个弱女子能承受下来的。她独自一个人颠沛流离，却深切关心着国家的命运，唱出了“生当作人杰，死亦为鬼雄”的慷慨壮歌，痛斥朝廷的懦弱昏庸，体现了其政治主张与爱国情怀；在士大夫提倡封建礼教的时候，她却毅然挣脱了礼教的枷锁，去追求自己的幸福：“九万里风鹏正举。风休住，篷舟吹取三山去。”深深地透露出她的刚强。

李清照是一个有思想的女性，她是在延续几千年的男权封建社会里开出的一朵绚烂的花，是文化神殿里的一个清丽脱俗的女子。

封建社会里处处沾满污浊之气，而李清照却是“出淤泥而不染”，她那婉约而不媚俗的词作风格，使得多少男人也为之汗颜。她是一位有知识的女子，她不畏封建礼教，毅然挣脱了沉重的枷锁，去追求属于自己的幸福。

事实上，知识对女孩的一生是非常有益的。犹太人注重知识，因此他们也十分重视对孩子的教育。在美国的犹太人中，有84%的人念过高中，有32%的成年人受过高等教育。而且，相关数据显示：犹太人平均接受过14年的学校教育，而非犹太人的白人平均只受过11.5年的教育。一位分析家这样说道：“在犹太人家庭里，学问受到高度评价，在这方面，非犹太人的家庭则相形见绌，这个因素构成了其他一切差异的基础。”

知识窗

《如梦令·常记溪亭日暮》，作者李清照，这是一首忆昔词。寥寥数语，似乎是随意而出，却又惜墨如金，句句含有深意。开头两句，写沉醉兴奋之情。接着写“兴尽”归家，又

“误人”荷塘深处，别有天地，更令人流连。最后一句，纯洁天真，言尽而意不尽。这首《如梦令》以李清照特有的方式表达了她早期生活的情趣和心境，境界优美怡人，虽篇幅之短，却给人以足够的美的享受。

励志点金石

高尔基说：“只有知识才是力量，只有知识能使我们诚实地爱人，尊重人的劳动，由衷地赞赏无间断的伟人劳动的美好成果；只有知识才能使我们成为具有坚强精神、诚实的、有理性的人。”

金钱是可以被带走、被剥夺的，只有知识才是一旦拥有就不会流失的财富。女孩子应该明白：没有人是贫穷的，除非他没有知识。

为你支招

你知道知识的重要性吗？

1.知识有着不可替代的价值

知识的价值简直超乎人的想象。知识使人严谨，严谨使人热情，热情使人洁净，洁净使人神圣，神圣使人谦卑，谦卑使人恐惧罪恶，恐惧罪恶使人圣洁，圣洁使人拥有神圣的灵魂，神圣的灵魂使人永生。当女孩知道了知识的崇高价值，自然会主动学习知识。

2.知识就是财富

女孩应该尊重知识、追求真理，因为知识是最伟大的，在知识的面前，世俗的一切统治者都要让位。女孩子需要明白：知识是一切财富的来源，是唯一可以永久打开财富之门的金钥匙。知识的价值在犹太人的历史中展现得淋漓尽致。与其追寻有限的财富，还不如掌握一把能永远打开财富之门的金钥匙——知识。

3.“百无一用是书生”的警醒

所谓“百无一用是书生”，指的是那些读死书、死读书，而且把这种书本知识当作全部的“书生”。孔子在《论语》里说：“学而不思则罔，思而不学则殆。”假如女孩只知道学习，却不知道思考，到头来等于白学；假如女孩只知道思考却不去学习，那也是不行的。

读书，让你更好地看到自己

适用写作关键字：知识　坚持

用知识改变命运

冰心是当代文坛巨匠，她也是有着知性美的女作家。她喜欢天真烂漫的小孩子，所以她几乎花了一生的时间，给孩子们讲了无数个平凡而美丽的故事。

她认字后不到几年就开始读书，不断地接触各种各样的知识。7岁时就开始读“话说天下大势，分久必合，合久必分……”的《三国演义》，12岁开始初涉《红楼梦》，她的一生都在孜孜不倦地进行阅读，她阅读了大量的中外文艺作品，这为她后来成为当代文坛巨匠奠定了基础。冰心有一句著名的话：“我永远感到读书是我生命中最大的快乐！”她从读书里学到了为人处世的道理。

1986年，她从日本访问回国后，因为腿受伤了，就闭门不出，把“读万卷书”作为自己唯一的消遣。她几乎每天都会阅读很多的书刊，书读多了，她就会比较，有选择性地读书，这让她倾向于阅读那些真情实感、质朴的文章。有一年六一国际儿童节，一家儿童刊物要求冰心给儿童写几句指导读书的话，她只写了九个字，“读书好，好读书，读好书”。

无疑，读书是拥抱知识的最佳途径。直到今天，冰心那句“读书好，好读书，读好书”的名言，依然鞭策着许多寻找知识的人奋力前进。古人说得好，“腹有诗书气自华”。一个坐拥书城的女孩，即使是再普通的衣着，也难以掩盖那浑身流溢的书卷味，这是因为，知识的底蕴胜过一切华丽的时装和昂贵的化妆品。

听说过犹太人的故事吗？据说，犹太人父母会在他们孩子出生时就在书本上滴上蜂蜜，让孩子吃，希望以此告诉孩子：读书就跟吃蜂蜜一样甜。所以，犹太人很喜欢读书，并且从书中学到了丰富的知识。因为拥有知识，犹太民族被世界公认为“最有创造力的民族”。

知识窗

冰心（1900年10月5日—1999年2月28日），原名谢婉莹，福建长乐人。中国诗人，现代作家，翻译家，儿童文学作家，散文家，社会活动家。笔名“冰心”取自“一片冰心在玉壶”。1999年2月28日21时12分，冰心在北京医院逝世，享年99岁，被称为“世纪老人”。冰心在刻画人物形象时，大多不用浓墨重彩，也较少精雕细刻，只用素描的笔法，淡淡数笔，人物形象就仿佛那出水的芙蓉，鲜灵灵地浮现在水面上。

励志点金石

屠格涅夫说：“知识比任何东西更能给人自由。”

从古至今，屹立于世间最璀璨、最明亮的那颗明珠就是“知识”。人生须臾，在这个知识创造价值的竞争年代，对于女孩来说，拥有了知识才华才能“海阔凭鱼跃，天高任鸟飞”。现在的社会竞争日益激烈，学习的真谛是为了提高自身的素质和增强自身的能力，是不断解放自我，增强改造自我能力的过程。所以，当女孩还在迷惑为什么而学习的时候，应该及时地转换自己的观点，认清学习的真实目的。

为你支招

女孩为什么而读书?

1.学习是为了完善自我

事实上，学习的最终目的不是金钱，也不是文凭，很大程度上，学习是为了完善自我，丰富心灵，充实自己的生活，装点自己的人生。学习，并不是单纯的学习，你可以通过学习学到很多做人的道理，怎么说话、怎么与人交际、怎么取得成功、怎么解决问题。在学习的过程中，你的智力得到了挖掘，你的大脑得到了开发；在学习的过程中，你不断地变得聪明，变得智力超群；在学习的过程中，你还能感受到学习带来的愉悦享受，精神上莫大的满足。

所以，女孩，当你进入青春期这一黄金学习时期，关键就是要认清学习的目的，这样才有利于你端正自己的学习态度。

2.学习可以使自己获得荣誉感

现在我们生活在和平时代，也许这样的使命感、责任感没有那么强烈；但是，当你亲自观看了奥运健儿在每一届奥运会上获得金牌的过程就会明白，这样的使命感、责任感、民族荣誉感一直都在。当运动健儿经过艰辛的训练获得了成功，当五星红旗在奥运会赛场冉冉升起，这一时刻，每一个中国人都会感到由衷地骄傲、自豪。

当女孩在学习上取得了收获，为班级、为学校，甚至为国家争得荣誉的时候，相信你的感觉是一样的，这就是周总理的名言“为中华之崛起而读书”一直激励着你们的原因。

3.不要以功利为目的去学习

如果女孩以功利为目的去学习，是学不到真本领的，这样学习也是不稳定的。当你发现这方面的学习不能为你谋取经济利益时，就会转向其他方面。甚至某些时候，只要能挣到钱，不管这样的学习适不适合自己，你都硬着头皮学习，结果只会事倍功半。

不要轻易否定自己读书的能力

适用写作关键词：自信　坚强

别轻易否定自己，认为自己不会读书

罗斯福小时候是一个非常脆弱和胆小的学生，在学校课堂里总显露出一副惊恐的表情。有一次，老师让他在课堂上背诵一篇课文，他从座位上站起来，呼吸就好像喘气一样，双腿发抖，嘴唇也颤动不已，背诵起来含含糊糊、吞吞吐吐，最后只

好在同学们的哄笑中沮丧地坐下。因为牙齿的暴露，罗斯福没有一张英俊的面孔，同学们也因此嘲笑他，说他的牙齿都可以用来挖地瓜了。

小罗斯福变得很敏感，他一般不会参加同学间的任何活动，也不喜欢交朋友，以致成为一个只知自怜的人。好在，罗斯福虽然有这方面的缺陷，却从来不轻易否定自己读书的能力。事实上，缺陷促使他更加努力奋斗，他没有因为别人对他的嘲笑而失去勇气，他喘气的习惯变成了一种坚定的嘶声，他咬紧牙关使嘴唇不颤动，从而克服了恐惧心理。

后来，通过演讲，罗斯福学会了如何利用一种假声掩饰他那无人不知的龅牙。他裹着毯子、坐着轮椅进行“炉边谈话”的样子，令大家再也想不起来他以前那打桩工人般的姿态。尽管他的演讲并没有什么惊人之处，但他不因自己的声音和姿态而沮丧、失败。他没有洪亮的声音或是威严的姿态，他也不像有些人那样具有惊人的语言，但在当时他是人们眼中最出色、最有力量的演说家之一。

罗斯福在面对自己缺陷的时候，并没有退缩和消沉，也没有轻易地否定自己，而是更加坚强地学习。在意识到自我缺陷的同时，他在困境中抗争，不因缺憾而气馁，甚至将它加以利用，变为资本、变为扶梯，最后登上名誉的巅峰。而对于女孩来说，不管自己天资愚笨还是聪慧，都不要因一时的学习失意而否定自己，努力向前，我们绝对是最闪亮的那颗星星。

知识窗

富兰克林·德拉诺·罗斯福（Franklin D.Roosevelt，1882年1月30日—1945年4月12日），美国第32任总统，美国历史上唯一连任超过两届（连任四届，病逝于第四届任期中）的总统，美国迄今为止在任时间最长的总统。在20世纪30年代经济大萧条期间，罗斯福推行新政以提供失业救济与复苏经济，并成立众多机构来改革经济和银行体系，从经济危机的深渊中挽救了美国，他所发起的一些计划在国家的商贸中扮演重要角色。罗斯福曾促成了政党重组，他与其妻埃莉诺·罗斯福至今仍是美国现代自由主义的典范。

励志点金石

爱默生曾说：“坚信自己的思想，相信自己心里认准的东西也一定适合于他人，这就是天才。”

每个人都是一座独一无二的宝藏。在现实生活中也是这样。在任何时候，女孩都不要轻易否定自己学习的能力。假如只是一次测验考砸了，不要灰心，总结好经验与教训，下次定能考出好成绩。假如你仅仅以一次的分数判定自己不是读书的料，那无疑是给未来的自己下了一张死刑判决书。所以，相信自己，只要我们勤学，就一定能补拙，就一定能获得优异的成绩。

为你支招

遇到偏科问题怎么办？

1.避免消极心理暗示

许多女孩子在偏科时，总忍不住说，“啊，英语确实太难了”“为什么英语总是与我作对呢”，如此，就会给自己偏科的心理暗示。尽管这只是一种抱怨，但说的时间久了，女孩子会发现学英语真的很困难。而且，当女孩子在抱怨英语难学的同时，她就对英语产生了拒绝的意愿，即看到英语就头疼。

2.培养对弱势学科的兴趣

“兴趣是最好的老师”，有的女孩子偏科就是因为对该学科缺乏兴趣。对此，女孩子应想办法培养自己对弱势学科的兴趣，多看看这个科目在现实生活中应用的事例，让自己从心理上自觉消除厌恶感和抵触感。

3.向老师求助

另外，女孩子可以找偏弱学科的老师细细谈一次，从中得到老师的鼓励。或许老师会说：“其实你学英语挺有天赋的，因为你的记忆力很好。”在老师和父母的细心照顾下，女孩一定会收到“春雨润物细无声”的效果。

合理的学习计划让你离目标越来越近

适用写作关键词：有序　行动

高考状元学习有妙招

张凌童，2005年甘肃省文科状元，毕业于庆阳陇东中学，平时最大的爱好是看电视、打乒乓球。当得知自己摘取了甘肃省文科高考状元桂冠时，张家小院传出了一片欢呼声。“真没想到自己竟然成为今年的文科状元！”年仅19岁的张凌童开心地说。张凌童认为，学习没有什么技巧和捷径，主要还是靠勤奋踏实，尤其是制订有效的学习计划。在高中三年之内，她每天都坚持制订学习计划，而且不管遇到什么特殊情况都要坚持完成每日给自己制订的学习任务。

说到自己的学习计划，她说：“确定每日、每周、每月的安排，坚定制订，必有成效。我在高三时的时间安排紧中有松，每天早晨7点到教室，先是做半个小时的英语练习，然后开始上课；中午回家吃饭后休息半个小时，这时我会躺在自己的小床或沙发上；1点20分到2点50分，我会去学校教室进行学习；下午和晚上按照学校的课程安排学习。当然，在课间休息的时候，我都是离开座位到教室外面的走廊走动一下。中午在教室进行学习的时候，我还时而看看报纸和杂志，这样不仅可以放松大脑，还可以为作文积累素材。而且，在一周之内，我还会为自己安排一个放松的时间，比如，周六或周日上午，完全抛开学习，好好放松身心。”

良好的学习计划当然是实现学习目标的蓝图，每个女孩都应该有自己的学习目标，而这个目标的实现需要女孩脚踏实地、有步骤、有计划地完成。这样一来，时间和任务一结合，计划就由此诞生了。为了实现学习目的，制订好计划就去努力实现它，这样就可以使自己离目标越来越近。学生们在学习中有了计划，就会把自己的行为置于计划之中，这样就有了明确的目的。

知识窗

“高考状元”一般指“普通高等学校招生全国统一考试”中各省市、自治区和直辖市的高考成绩第一名。按照高考分数是否加分分为“裸分状元”与“加分状元”。按照高考分科分为“文科状元”与“理科状元”。另外还有“复读状元”。长期以来，高考状元作为中国各地区高考的第一名，因其特有的商业价值和教育影响赢得了全社会的强烈关注。高考状元的光环映射着状元情结和状元文化，牵动着中国全体考生、高校、中学、老师、家长、商家、媒体乃至全社会的眼球，成为高考赛场上万人瞩目的焦点。

励志点金石

陈安之说：“订目标，做计划，大量的行动。”

制订有效的学习计划，有助于女孩们养成良好的学习习惯。按照科学的学习计划行事，可以让自己的学习生活节奏分明，一旦形成习惯，就会有相应的条件反射。例如，在学习时就能安心学习，在活动时就会自觉去参加活动，这些都会成为自觉性的行动，时间长了，就会养成良好的学习习惯。

为你支招

如何制订合适的学习计划?

1.计划合理就要坚持下去

举个例子，某同学每天学两个小时的数学，这对他而言是合适的学习时间。但在一次考试中，数学成绩开始出现下滑的现象，那么，他应该从现在开始每天用三个小时来学习数学吗？当然不是，因为他不可能长时间保持每天三个小时学数学且不感到厌倦，一旦自己对学习感到厌烦了，学习成绩就会下降。女孩子应坚持计划，即保持过去适合自己的学习时间不动摇，一次的考试成绩并不能否定你之前制订的有效学习计划，只有每天按照自己制订的计划坚持下去，才会达成自己的目的。

2.短期和长期计划相结合

女孩子在开始任何学习之前，都要制订一个周密的学习计划，短时间的，如3个小时自习时间，将其分成若干个时间段，每段时间做哪个科目；长时间的，如看课外读本计划，半个月的时间看完一本书，每天看几页，一天中的哪个时间段适合看书，这些都需要写在学习计划里。

3.早晚预习和检查自己的学习计划

每天早上醒来，女孩子可以躺在床上闭着眼睛，想想这一天有哪些事情要做，哪些章节要看，哪些习题要写。把这一天的时间都计划好，然后按照自己的计划去严格执行。晚上睡前检查一下，今天的计划是不是都完成了，完成的结果是不是让自己都很满意……就这样，每一天、每一周、每一个月，早晚都要预习和检查自己的学习计划，如此才能切实地提高自己的学习效率。

4.争做时间的“小主人”

同样是一天，不同的人会有不同的效率。比如，有的孩子善于科学地安排自己的学习时间，学习和生活井井有条，所显示的效果也很好；有的孩子却相反，整天瞎忙一团，学习和生活毫无规律可言。对此，女孩子要清楚自己一周之内需要做的事情，然后制订一张日作息时间表，在表上填一下非花不可的时间，如吃饭、睡觉、上课、娱乐等。然后选定合适且固定的时间用来学习，留出足够多的时间来完成老师布置的阅读和作业。

女孩，相信自己，你一定可以

适用写作关键词：自信　坚持

对自己说："我一定行！"

安东尼·拉马纳出生于意大利西西里岛的一个小村庄里，家里有十个兄弟姐妹。他不到12岁就到采石场干活了。安东尼不甘心自己的命运如此，于是常常利用一些休息的时间阅读有关西西里岛的历史和地理，并听老人们讲述岛屿的变迁。从书中他看到了外面的世界与岛屿的差距，因此，他在16岁那年，沿着山谷顺流而下，一直来到海边，随后跟着一艘货船来到了美国。

在22岁那年，安东尼凭借着不懈的努力，获得了梦寐以求的证书——一张石匠工会卡，不久他便入选，在林肯的纪念碑上雕刻林肯在葛底斯堡的演讲词。在雕刻林肯的演讲词时，安东尼被林肯的人生经历深深地打动。他想：林肯这位生活艰辛而最后靠着学习改变命运的人，早年生活几乎跟自己一样，而后来他却当上了律师，最后竟当上了总统，那么自己是不是也会有功成名就的一天呢？他突然之间作了一个决定，要成为一名律师。对此，朋友都笑话他："你是林肯第二吧？安东尼，你看雕像看呆了。"

安东尼过去只在西西里岛的一所乡村小学读到五年级，想在华盛顿大学国家法律中心学习，这简直是痴人说梦。何况他每天还要在脚手架上连续工作10小时。但是他没有退缩，他一下班就去夜校补习英文，他的帆布兜里时刻都有锤子、午饭和课本，他常常匆匆忙忙地吃过午饭便抓紧时间读书。甚至有时候，他一手拿着书，一手拿着两片玉米饼，中间夹着一块咸猪肉，坐在木头上边吃边学习。

终于，功夫不负有心人，安东尼考入了法律学校。但是，因为第二次世界大战爆发，他只得离开美国去同法西斯作战。回国后，他在很短的时间里连续获得了法学学士和法学硕士的学位，后来，他一直在纽约和华盛顿担任律师，工作十分出色。

有人曾问安东尼：“读书、学习时，难道你不感觉到累吗？”他回答说：“那不可能，因为每个人都必须自己去发现动力，并自己为动力确定具体的含义。”不感觉到累，是因为相信自己一定能行。即便自己被朋友嘲笑，他也从来没动摇过学习的决心。正因为对自己有绝对的信心，安东尼才得以成功。

知识窗

律师不同于古代的讼师、状师，是指依法取得律师执业证书，接受委托或者指定，为当事人提供法律服务的执业人员。按照工作性质划分，律师可分为专职律师与兼职律师；按照业务范围划分，律师可分为民事律师、刑事律师和行政律师；按照服务对象和工作身份划分，分为社会律师、公司律师和公职律师。律师业务主要分为诉讼业务与非诉讼业务。

励志点金石

但丁：“能够使我飘浮于人生的泥沼中而不致陷污的，是我的信心。”

有的人天资聪明，在学习的过程中接受新知识会快一些；而有的人天资愚钝，学东西总是慢半拍。但是，即便是天资聪慧也有成绩差的同学，因为他们不够认真；即便是天资愚钝，也不乏成绩优秀的同学，那是他们笨鸟先飞的成果。所以，女孩，请对自己说：“我一定要考第一！”

为你支招

如何端正心态考出好成绩?

1.培养自己的自控力

你要懂得控制自己，自控能力的强弱会直接影响到你的成败。因此，你需要锻炼你的耐力和韧力。也许，你们处于这样的年纪，更喜欢玩耍，这是正常的，也是孩子的天性，比起枯燥的学习，玩乐具有致命的诱惑力。每个人都是有惰性的，没有人喜欢枯燥的学习；但是，你只要能够把握好这个度，就事

半功倍了。

2.端正心态

女孩子需要明白，无论是做人，还是学习，都要保持一个端正的心态，这是最关键的。你只有端正了心态，心无杂念，才能在学习的困难和挫折之中安然渡过，不会因为学习的暂时失利而悲伤，而这样的心态也会更加有利于你的学习，令你更容易得到父母和老师的认可。只要你能踏实认真地学习，到了一定的阶段，那么成功就是水到渠成的事情。你的一切付出早晚会得到别人的认可，而被别人承认的人，自然也证明了自身的能力与实力。

3.脚踏实地

学习跟做人一样，需要脚踏实地，端正心态，积极进取，这样才能领悟到学习的快乐。人生要像水一样，在任何时候都不受阻碍，流向大海。所以，多向流水学习，对学习中出现的困难和挫折，调整好心态，积极面对。女孩，从现在开始，端正自己的学习态度，让自己拥有一个丰富、精彩而又充满收获的生活。

第7章

好女孩要行动，想一万次不如做一次

在很多时候，女孩都有着自己的想法：希望自己将来能像玫琳凯女士一样获得巨大成功，希望谋得一个称心如意的职位等。最终，有的女孩能够实现自己的愿望，有的女孩却一次次与梦想擦肩而过。其实，后者忽视了一点——不仅要敢想，更要去行动。

确定梦想，更要用行动去实现梦想

适用写作关键词：梦想　坚持

追逐梦想

罗马纳·巴纽埃洛斯是美国第34任财政部长。但在最初，她只是一位贫穷的墨西哥姑娘，16岁就结婚，后来失去了丈夫的支持，独自抚养两个儿子。但是，她那时就决心谋求一种令她自己及两个儿子感到体面和自豪的生活。于是，在梦想的支撑下，她口袋里装着7美元，带着两个儿子乘公共汽车来到洛杉矶寻求更好的发展。

最初她做洗碗的工作，后来找到什么活就做什么，拼命攒钱直到存了400美元后，便和她的姨母共同经营玉米饼店，结果非常成功，并开了几家分店。后来，她经营的小玉米饼店铺成为全国最大的墨西哥食品批发商，拥有员工三百多人。

在经济上有了保障之后，巴纽埃洛斯便将精力转移到提高她美籍墨西哥同胞的地位上。她和许多朋友在东洛杉矶创建了“泛美国民银行”。这家银行主要是为美籍墨西哥人所居住的社区服务。后来，银行资产逐渐增长到2200万美元。

当初，有人告诫她说：“美籍墨西哥人不能创办自己的银行，你们没有资格创办一家银行，同时永远不会成功。”就连墨西哥人也说：“我们已经努力了十几年，总是失败，你知道吗，墨西哥人不是银行家呀！”但是，她始终不放弃自己的梦想，努力不懈。

后来，这家银行取得伟大成功的故事在洛杉矶传为佳话，巴纽埃洛斯也成为美国第34任财政部长。

梦想是一切成就的起点。只有确立了前进的梦想，年轻人才会最大可能地发挥自己的潜力。不仅要有梦想，更要行动起来，只有在实现梦想的过程中，我们才能够检验出自己的创造性，调动沉睡在心中的那些优异、独特的品质，才能锻炼自己、造就自己。

知识窗

墨西哥合众国位于北美洲，北部与美国接壤，东南与危地马拉与伯利兹相邻，西部是太平洋和加利福尼亚湾，东部是墨西哥湾与加勒比海，首都为墨西哥城。墨西哥是一个自由市场经济体，拥有现代化的工业与农业，首都及最大城市是墨西哥城。

励志点金石

爱因斯坦曾说：“想别人不敢想，你已经成功了一半。做别人不敢做的，你会成功另一半。”

成功是没有秘诀的，敢想敢做，给自己定一个目标，然后努力，全身心努力，总会有收获。敢想可以使一个人的能力发挥到极致，也可能逼得一个人贡献出一切，排除人生道路上的所有障碍。女孩千万不要抱怨自己运气不够好，因为唯有行动才能够改变自己的命运。行动就是力量，十个空洞的幻想不如一个实际行动。

为你支招

女孩如何敢想敢做?

1.多读书

读书可以积累知识，增加头脑中表象的储存量，这样一来，女孩的想象力就有了原料，就能展开翅膀翱翔于蓝天。爱迪生在11岁就阅读了百科全书和牛顿的许多著作，所以，他在后来有了许多科学发明，勤奋的读书学习就是其想象力之源。

2.对周围的事物充满热情

高尔基曾说：“不存在没有热情的智力，也不存在没有智力的热情。”兴趣、热情是女孩进行想象活动的直接动力，要培养自己的想象力，就要激发兴趣，热情是想象的原动力。当女孩对周围的事物充满热情的时候，想象力就自然地产生了，比如，看见天空飞过的鸟儿，就想到了“人怎么样才能飞上蓝天”。

3.要多做“白日梦”，鼓励将梦想变成现实

女孩们所受过的传统教育过程，就是在填鸭式的死记硬背中“装满知识”的过程，这无疑剥夺了女孩做“白日梦”的权利。因此，对于生活中所看到的事物，女孩应该大胆展开想象，多做“白日梦”；不仅如此，还应该让那些看来遥不可及的梦想“生活化”，不仅要大胆想象，而且要投入以实际行动，让自己梦想成真，也许，你就是下一个“莱特兄弟”。

4.应该积极动脑动手

女孩喜欢模仿大人的行为，也好动，这时可以利用自己手边的工具，并充分运用各种感官，自己观察，自己动手，从中体验到一种自我成就感和快乐。比如，自己制作简单的玩具，或者自己设计一种游戏等。女孩对于自己动脑想出来、自己动手做出来的东西，有一种偏爱和特殊的兴趣，这一活动有利于激发内在的强烈好奇心和求知欲，从而逐渐开发自己的智力。

作好行动计划，更快达成目标

适用写作关键词：思维　坚持

规划是行动的前提

几十年前，在美国有一个十多岁的穷小子，他自小生长在贫民窟里，身体非常瘦弱，却立志长大后要做美国总统。如何实现这样的抱负呢？年纪轻轻的他，经过几天几夜的思索，拟定了这样一系列的计划：

做美国总统首先要做美国州长——要竞选州长必须得到雄厚的财力支持——要获得财团的支持就一定得融入财团——要融入财团就需要娶一位豪门千金——要娶一位豪门千金必须成为名人——成为名人的快速方法就是做电影明星——做电影明星前得练好身体，练出阳刚之气。

按照这样的思路，他开始一步步地去行动。一天，当他看到著名的体操运动主席库尔后，他相信练健美是强身健体的好办法，因而产生了练健美的兴趣。他开始刻苦而持之以恒地练习健美，他渴望成为世界上最结实的男人。三年后，凭着发达的肌肉和健壮的体格，他成为健美先生。

在以后的几年中，他成了欧洲乃至世界健美先生。22岁时，他进入了美国好莱坞。在好莱坞，他花了十年时间，利用自己在体育方面的成就，一心塑造坚强不屈、百折不挠的硬汉形象。终于，他在演艺界声名鹊起，当他的电影事业如日中天时，女友的家庭在他们相恋九年后终于接纳了他这位“黑脸庄稼人”。他的女友就是赫赫有名的肯尼迪总统的侄女。

婚姻生活过了十几个春秋，他与太太生育了四个孩子，建立了一个“五好”家庭。2003年，年逾57岁的他，告老退出了影坛，转而从政，并成功地竞选成为美国加州州长。

他就是阿诺德·施瓦辛格。他的经历告诉我们，目标要远大，经营自己的过程却要稳扎稳打，在一个台阶上站好了，然后再瞄准下一步。

志存远大，这是一直被我们推崇的。但是在现实中，仅仅有一个清晰的目标还远远不够。就如阿诺德·施瓦辛格一样，如何开动脑筋，尽快突破小目标，实现大目标，才是女孩们最应该重点费心思考的问题。回顾阿诺德·施瓦辛格的成功经历，我们可以总结出这样一句话：从大处着眼，从小处着手，化整为零地循序渐进。很多女孩，谁都想自己能一步登天，一夕成名，一下子便成为一个亿万富翁。有目标、有憧憬是好事，但善于规划才是硬道理。

知识窗

阿诺德·施瓦辛格，1947年7月30日生于奥地利，是美国好莱坞男演员、健美运动员、美国加州前州长、政治家，拥有美国和奥地利双重国籍。2003年竞选加州州长获得成功，跨入政坛。2011年1月3日卸任，任期达7年。卸任后的施瓦辛格重返大银幕，继续接拍电影。

励志点金石

古语云：凡事预则立，不预则废。

女孩在行动之前要有目标，但仅仅有个目标还不够，在把理想铺铸成现实的道路上，女孩还应该做好规划，规划不仅是一种前景目标、一张蓝图而已，它更是你行动的路线图。目标是可以看得见的靶子，每个人都能看到，大家都在朝它开枪，但并不是谁都能打得快且准。

为你支招

女孩如何作好学习规划?

1.原则是白天学什么，晚上复习什么

不管你学习计划的重点是什么，如补习自己薄弱的科目，或增强自己的长项等，学习计划的内容必须包括复习当天学习的内容这一项，这不仅是巩固新知识，而且是一个短期计划的实施，只有打好了每一天的复习战，才能确保长远计划的实施。

2.补弱项更容易获得进步

通常情况下，比起强化强项，弥补弱项更容易获得进步。原因之一就是使用在强项中总结出的好的学习方法往往也适用于学习自己的弱项。比如，你的英语处于中级阶段，语文处于初级阶段，那么，你就可以把已经证明有效的学习英语的方法用于语文，如把背英语单词的方法用于背语文字词，把英语阅读的解题技巧用于语文阅读题等。而且，学习自己比较差的课程，使用相对低级的学习方法就可以取得进步，而越是低级的学习方法越容易掌握。

3.弥补自己在课程学习中的漏洞

女孩可以通过总结考试、分析以前做过的题目、回忆再现等方法，找出自己课程学习中的漏洞，然后，根据这些漏洞的严重程度以及对目前学习影响的程度，确定最先弥补的漏洞。你可以针对自己最弱的课程，假如最弱的课程尚未进入初级阶段，那女孩必须找到入门的方法；假如这门课程处于中级阶段，那就需要突破。

机遇降临，就要立刻行动

适用写作关键词：灵敏　智慧

把握机遇，改变命运

很多年前，美国穿越大西洋底的一根电报电缆线因破损需要更换，这则小消息在人们之间平静地传播着。一位不起眼的珠宝店老板却没有等闲视之，毅然买下了这根报废的电缆。

没有人知道小老板的意图，大家都认为他一定是疯了，异样的目光围绕着他。小老板关起店门，将那根电缆洗净、弄直，然后剪成一小段一小段的金属段，装饰起来，作为纪念物出售。

大西洋底的电缆纪念物，还有比这更有价值的纪念品吗？就这样，他轻松地发财了。后来，他又买下欧仁皇后的一枚钻石，淡黄色的钻石闪烁着稀世的光彩。人们不禁要问：他是自己珍藏还是抬出更高的价位转手？他不慌不忙地筹备了一个首饰展示会，观众当然是冲着皇后的钻石而来。

可想而知，梦想一睹皇后钻石风采的参观者会怎样蜂拥着从世界各地接踵而至。他几乎坐享其成，毫不费力就赚了大笔的钱财。他就是美国赫赫有名、享有“钻石之王”美誉的查尔斯·刘易斯，一个磨坊主的儿子。

目光敏锐、头脑灵活的人，总能在机会的身影还若隐若现时就做出自己的判断，并大胆地行动。查尔斯·刘易斯的成功，正是如此。他判定一根报废的电缆中蕴含着一个巨大的商机，把这次机遇当作自己事业腾飞的平台，乘着机遇的东风冲天而起，在商海大展身手。

女孩，不要总是抱怨没有好的机会降临在你身上，不要总想着会有兔子撞到你面前。成功的机会无处不在，关键在于你是否能紧紧地抓住。聪明的女孩能从一件小事中得到大启示，有所感悟，将其化成成功的机会；而愚笨的人即使机会放在他面前也不知。

知识窗

电缆（electric cable；power cable）通常是由几根或几组导线（每组至少两根）围绕一根中心绞合而成，其形状类似绳索，同时外层覆盖高度绝缘层。电缆有电力电缆、控制电缆、补偿电缆、屏蔽电缆、高温电缆、计算机电缆、信号电缆、同轴电缆、耐火电缆、船用电缆、矿用电缆、铝合金电缆等。它们都是由单股或多股导线和绝缘层组成，用来连接电路、电器等。

励志点金石

培根说：“智者创造的机会比他得到的机会要多。”

“抓住机遇”这句口号在日常的生活中经常能够听到，有人说：“机遇青睐有准备的人。它不相信眼泪，它与怯弱、懒惰无缘。”也有人说：“机遇稍纵即逝，目光敏锐、勇敢果决者常常能获得它。”其实，机遇对任何人都是平等的，能不能抓住它，主动权在自己手里。机遇在人的一生中扮演着重要的角色。机遇无处不在。抱怨没有机会的人，实际上是不善于识别机会和发现机遇，他们总是在仰望远处的高山，却忽视了脚下的矿石。

为你支招

女孩如何抓住一切时间学习？

1.将时间分为学习时间和非学习时间

时间可以分为学习时间和非学习时间，非学习时间包括吃饭、睡觉、走路、娱乐、锻炼等必须支出的时间；学习时间可以分为两大类：一是上课时间，一是自习时间。在平时的生活中，我们不能挤占非学习时间，因为这是高效学习的基础；对于上课时间，可以按照老师的进度来进行，别利用这段时间做其他的事情，否则无异于本末倒置。而剩下的就是自己可以自由支配的时间，把它们按照前面所制订的学习计划分配到每个科目上去，只要遵循科学规律，自然会提高学习效率。

2.科学安排时间

科学研究表明，人在一天24小时中，学习工作效率有高潮和低潮，一般上午8～10点、下午3～6点、晚上8～10点是学习效率最高的时间。上午8点大脑具有严谨、周密的思考能力，晚上8点记忆力超强，而中午1点左右是脑力和体力的低潮。每个学生具体的自身情况只有自己才最明白，必须要明确自己在各个时间段的状态，按照自己每个时间段的特点相应地分配学习任务，这样才可以提高效率。那些整段整段的时间用来完成需要思考的学习任务，如做数学题、研究语文主观题的答题思路等；零散时间用来记忆最基本的知识，如单词、公式等；思维能力强的时间段用来做理科方面的题目；记忆能力强的时间段用来记忆文科方面的知识。

3.利用零散时间

时间对于每个人而言都是公平的，每天都有24小时。大部分学生发现自己的时间根本没办法满足学习的要求，其中一个主要的原因是有很大一部分时间十分零散，如课间时间、等车时间、睡觉前的时间。我们很容易忽略这些零散的时间，它们看起来是如此不起眼，不过，汇集到一起就不一样了，因此我们要善于利用零散的时间来学习。比如，利用这些时间来记忆单词、语文基础知识、数学公式。此外，还需要好好利用双休日和节假日，许多学校会利用这些时间补课，不过不可能全部用完，剩下的时间积攒起来还是很多的。

只要你迈步，路就会在脚下延伸

适用写作关键词：勇敢　毅力

82岁，成为哈佛毕业生

伊丽莎白不是哈佛毕业生中最出色的一位，也并不具有非凡的才能，人们对她由衷敬佩，不是因为她年纪大，而是因为她勇敢尝试、始终坚持的毅力和决心。

这一天，身穿毕业生礼服、头戴黑色学士帽的伊丽莎白·麦克尼尔从哈佛校长手中接过毕业证书，在获得文科学士学位的同时，学校还给她颁发了一个表彰其学术成就和品德的奖项。

伊丽莎白早在1941年就高中毕业了，之后，陆续生了4个孩子。后来，她成为哈佛大学健康服务部门的员工。哈佛的学术氛围令她对学习产生了很大的兴趣，于是几年后，她开始尝试在哈佛“蹭课”。

但是在这之后的很多年里，她并没有正式注册当学生，因为她觉得自己没有能力完成哈佛的课程，一度放弃了拿到哈佛学历的念头。

直到1999年，同事和同学的鼓励让伊丽莎白产生了争取学位的念头，那时她已经73岁了。对于一个普通的73岁的老人来说，安享晚年是最好的选择。而伊丽莎白却不甘心就此放弃自己的理想，她再次鼓起勇气，走入了哈佛的课堂，她给自己制定了“10年目标”，并经常向孩子们许诺，要在83岁之前从哈佛毕业。

2006年，满脸皱纹的伊丽莎白已经在哈佛工作了25年，学习了20年，最终赶在自己的孙女之前获得了本科学历。在哈佛，伊丽莎白可谓是一位独特的学生。许多教授，都以伊丽莎白的事迹作为案例鼓舞学生：树立信心、果敢尝试，走属于自己的路。

人的一生有太多的等待，在等待中，我们错失了许多的机会；在等待中，我们白白浪费了宝贵的光阴；在等待中，我们由一个花季少女变为碌碌无为的老年人，我们还在等待什么？选择去尝试，总不会让自己在原地踏步。人生就是如此，只要你迈步，路就会在脚下延伸。

知识窗

本科即大学本科专业学历，是高等教育的基本组成部分，一般由大学或学院开展，极少部分高等职业院校已经开展应用型本科教育。与专科相比，本科更着重于理论上的通识教育，而非应用上的专业教育和实际技能。本科层次学生毕业后一般可获本科毕业证书和学士学位证书，少数人因为成绩或综合评价未符合学术要求而只有大学本科毕业证书，没有获得学士学位证书。

励志点金石

智者说：“只要你迈步，路就会在脚下延伸。只有启程，我们才会向理想的目标靠近。”

只有启程，我们才会向理想的目标靠近。无论你的梦想和

目标是什么，这些都只是你成功的开始，更主要的是立即开始行动，从而实实在在地看到成功的希望。这一点被许多人所忽略，而忽略它的人往往只能以失败告终。

为你支招

女孩如何培养自己的兴趣去做想做的事情？

1.应该保持浓厚的好奇心

女孩应该保持浓厚的好奇心，对于那些好奇的事物应该采取实际行动去接近它，揭开其神秘的面纱，如游戏这么好玩，它是如何设计出来的？女孩只要有意于解决这些疑问，就会进一步地钻研，翻阅计算机书籍或者百科全书，这样就产生了兴趣的开端。

2.保持兴趣的稳定性

比如，姚明之前喜欢考古、航模，甚至喜欢打游戏机，但他发现自己的兴趣所在之后，他就全身心地投入到篮球这项运动之中。同样，女孩要培养自己的一份兴趣，就要不间断地去熟悉它，逐渐地让它成为自己生活的一部分，每天都接触它，时间久了自然会“上瘾”，如喜欢弹钢琴的女孩子，一天不练习就觉得全身没劲，那是因为钢琴已经成为她生活中的兴趣。

3.需要将兴趣延伸，使之成为特长与技能

如果你整天都玩电脑，但只是随便的消磨时间，并没有将自己对计算机的兴趣延伸，那么，这样重复下去，你将对计算机失去兴趣。当女孩在对某件事物感兴趣的时候，需要有一个深入的方向，将自己的兴趣延伸，一层一层地向前“翻阅”，你会发现自己在兴趣中获得的快乐越来越多。

4.可以选择一些“志趣相投”的朋友

女孩应该选择一些“志趣相投”的朋友。比如，自己喜欢文学，那就选择几位文学爱好者。这是因为，即使对某样事物有着极大的兴趣，也总会有停滞的时候，这时候，如果有几个朋友在旁边加油鼓劲，就会让自己对感兴趣的事物越发专注。

第8章

做坚强的女孩，经受得住风雨的洗礼

现在的女孩子大多数都是在万千宠爱中长大的，在她们身上显现出任性、脆弱、自我、依赖性强、独立性差等特点。她们在享受优越条件的同时，像极了温室里的花朵，经不起外界的风吹雨打。女孩在生活和学习中，更应该学会坚持，要能够经受逆境的洗礼。

不要因为小小的挫折而放弃

适用写作关键词：信念　坚持

灵魂的舞者

塞尔玛是一个单亲母亲，她在一个乡村工厂里工作，靠着微薄的收入来维持着自己与儿子的生活。然而，在塞尔玛心中隐藏着一个秘密：由于遗传，她的视力正在慢慢衰退，只有靠着高度近视眼镜才能勉强维持微弱的视力，而且，令她心痛的是她发现了儿子患有同样的疾病，她决定挣钱为儿子治好眼睛。于是，塞尔玛开始日夜不停地加班，将辛苦赚来的钱装在一个小铁皮盒里。尽管生活对于塞尔玛是残酷的，但她依然释放着全部的热情，塞尔玛特别钟爱音乐与舞蹈，她经常在工厂里歌唱，想象自己是音乐剧里的主角，以此给自己疲惫的心灵以抚慰。

塞尔玛的房东比尔是一位警察，他有个整日无所事事却又喜欢享乐的妻子，在妻子的过度挥霍之下，比尔破产了。但是，比尔没有勇气将真相告诉妻子。比尔知道塞尔玛有一些积蓄，于是，比尔找到了塞尔玛，向她诉说自己的压力与内心的绝望。无意之中，比尔发现了塞尔玛装钱的铁皮盒子，并拿走了。由于视力的下降，塞尔玛失去了工作，这时，她发现自己辛苦攒下的钱被偷走了。想到曾向自己借过钱的比尔，塞尔玛决定去找比尔，比尔当即承认了自己偷走了钱，两人在争执中，比尔绝望地掏出了手枪，恳求塞尔玛帮助自己结束生命，塞尔玛扣动了扳机。

塞尔玛安排了儿子的手术，而她自己则来到了歌舞团，在那里，她精彩演绎了《音乐之声》。为了维护比尔的尊严，塞尔玛决定不说出实情，自己一个人承担所有的罪责。直到被警察逮捕的那一刻，塞尔玛依然歌唱着、舞蹈着。

虽然塞尔玛的生活十分不幸，但是，她那份对生命执着的信念，促使她完成了自己的梦想，那就是攒钱为儿子做手术。在黑暗的世界里，塞尔玛成为舞蹈的精灵，她是真正的黑暗中的舞者，而这一切都源于她那坚定的信念，因为信念为塞尔玛的心灵指引了生命的方向。

知识窗

《音乐之声》（The Sound of Music），由罗伯特·怀斯执导，朱丽·安德鲁斯、克里斯托弗·普卢默、理查德·海顿主演，于1965年上映。改编自玛利亚·冯·崔普（Maria von

Trapp）的著作《崔普家庭演唱团》，最初以音乐剧的形式于百老汇上演。电影讲述了这样一个故事：1938年，年轻的见习修女玛利亚到退役的海军上校特拉普家中做家庭教师，她以童心对童心，让孩子们充分在大自然的美景中陶冶性情，上校也被她所感染。这时德国纳粹吞并了奥地利，上校拒绝为纳粹服役，并且在一次民歌大赛中带领全家越过阿尔卑斯山，逃脱了纳粹的魔掌。

励志点金石

爱迪生说："无论何时，不管怎样，我也绝不允许自己有一点点丧气。"

信念是心灵的护航者，是胜利的基石。信念是一缕永不暗淡的阳光，给心灵以丰富的给养，有了信念，我们就可以穿越阴霾，驱散迷茫，挣脱命运的束缚，自由地飞翔。人生需要信念，坚定的信念，即使道路荆棘满地，充满了无尽的坎坷，我们也不要放弃信念，这样才能看到希望，看到生命的曙光。

为你支招

女孩如何战胜挫折？

1.学会自我激励

自我激励是女孩激励自己形成良好的品德和习惯的方法，首先女孩要对自己有一个正确的认识，对自己的优缺点有所了解；其次女孩要学会自我控制和自我约束，“将一件事情做到底”，势必要经历很多意料不到的困难与挫折，女孩应该学会控制自己的情绪和意志；最后，女孩应该有意识地培养自尊心和上进心，这样女孩的潜能才可以不断地被发掘，从而向最好的方向发展。

2.找一个学习的榜样

榜样的力量是巨大的，特别是那些有着坚定意志、坚持不懈追求进步的人，更是人们心目中的楷模和英雄。如果女孩能够找到这样一个榜样，无疑为自己树立了一个前进的标杆。最好的榜样往往在身边，父母可以是学习的榜样，也可以选择身边同龄的榜样，大家一起你追我赶，让学习变成竞争。

3.参加体育锻炼

现在大多数女孩都是在优越的环境中长大的，缺乏毅力，如果有一个机会锻炼自己是最好的。而积极参加体育锻炼是一种好方法，不但可以增强女孩的体质，还可以增强女孩的心理承受能力。

4.参加竞赛

假如让女孩独自完成某件事，她往往会一拖再拖，或许干脆中途放弃，因此，不妨让女孩知道还有许多人与自己竞争，这样能够激发女孩不服输的心理。毕竟谁也不愿意承认自己是弱者，谁也不会轻易服输。所以，女孩可以与要好的同学竞争，也可以与对方来一场比赛，将学习变成竞赛。

女孩，勇敢地从困境中走出来

适用写作关键词：乐观　豁达

女工的生活

乔丽是报社的一名记者，最近她接到了一份特殊的采访任务。当她拿到被采访者的资料时，她不禁有些难过，这是一个怎样的女人——丈夫早些年得了重病去世了，欠下了大笔的债务，家里有两个孩子，有一个带有残疾，女人只是在一家小型的工厂里当一名女工，微薄的薪水养着整个家，还需要还债。乔丽一下午都坐在家里，想象着那个女人家的样子——女人和孩子都蓬头垢面，满脸悲苦，又黑又潮的小屋里没有一点鲜活的色彩……自己去了，也许只能听到无休无止的哭诉。

那个周末，乔丽满怀深情，按着地址找那个女人居住的地方。当她站在门口，有些不敢相信自己的眼睛，她甚至怀疑自己找错了地方，于是又向女主人核实了一遍。确认无误之后，她才开始重新打量这个家：整个屋子干干净净，有用纸做的漂亮门帘，墙上还贴着孩子上学获得的奖状，灶台上只放着油盐两种调味品，罐子却擦得干干净净，女人脸上的笑容就像她的房间一样明朗。乔丽坐在用报纸垫着的凳子上，热情的女人为她拿来了拖鞋，乔丽看见那鞋居然是用旧的解放鞋的鞋底做的，再用旧毛线织出带有美丽图案的鞋帮。

女人也一起坐下来，乔丽不禁有些好奇她是怎么把这个家打理得这样舒适的，女工一边干着活，一边微笑着说：“我虽然失去了丈夫，却领悟到生活的真谛，现在，我也过得很好，得失并不是我在乎的。你看，家里的冰箱洗衣机都是隔壁邻居淘汰下来送给自己的，其实用着也蛮好的；工厂里的老板同事也都照顾自己，还会让自己把饭菜带回来给孩子吃；孩子们也很懂事，做完了一天的功课还会帮忙干家务活……”

乔丽听着听着，眼睛有些湿润了。

女工用自己微薄的薪水创造了一个干净温馨的家。可以想象，如果女工是一位计较得失的人，那么，乔丽所看到的场面有可能是：她像祥林嫂一样哭诉自己以前的幸福时光，以及现在的不幸生活。好在，她不是那种计较生活得失的人，而是一个高逆商的女人，她以豁达乐观的心态，撑起了一个温暖的家。

知识窗

记者：指媒体从事信息采集和新闻报道工作的人。记者属于职业的一种。采访，媒体信息的采集和收集方式，通常通过记者和被获取信息的对象面对面交流。在中国早期的新闻机构中，编辑和记者没有严格的分工，编辑、采访合一。1872年，《申报》创刊后开始设立访员，专门采访本地新闻。之后，《申报》在北京、南京、杭州、武昌、宁波、扬州等26个城市聘有“报事人”或“访员”。1899年《清议报》第7期上出现“记者”一词。

励志点金石

亚伯拉罕·林肯在一次竞选参议员失败后这样说道：“此路艰辛而泥泞，我一只脚滑了一下，另一只脚也因而站不稳；但我缓口气，告诉自己‘这不过是滑一跤，并不是死去而爬不起来’。”

蘑菇生长在阴暗角落，由于得不到阳光又没有肥料，常常面临着自生自灭的状况，只有当它们长到足够高、足够壮的时候，才被人们所关注，事实上，这时它们已经能够独自接受阳光雨露了。任何一个人在成长的过程中，都注定经历不同的苦难、荆棘，那些被困难、挫折击倒的人，他们必须忍受生活的平庸；而那些战胜苦难、挫折的人，他们能够突出重围，赢得成功。

为你支招

女孩如何提高自己的逆商？

1.合理释放情绪

成年人会为工作、感情、金钱、人际关系等事情烦恼，女孩也会被学业、友情和父母的关系等问题困扰。女孩若有了情绪上的困扰，不能抑郁，否则，时间长了，负面情绪越来越多，那些不能被自己消化和承受的压力就会演变成心理问题，这是非常危险的。女孩可以通过向同学倾诉、与父母沟通等方式合理发泄情绪。

2.以正确心态面对考试

如果女孩子心态比较浮躁，那么，在考试成功的时候，会欣喜若狂，内心滋生出骄傲的情绪，甚至会放松自己的学习；而在面对考试失利的时候，就会灰心丧气，一蹶不振。这样的心态就是不正确的，女孩若是这种心态，就有可能会因骄傲而跌倒，也有可能因失败而灰心放弃。而最好的心态就是抱着一颗平常心，这样女孩子才能在成功面前保持谦虚的态度，在失败面前依然充满着信心。

3.不要太在意考试的失利与成功

现代社会，依然是应试教育为主，这就意味着以分数来判定你是失利或成功。应试教育本身是有欠缺的，仅仅凭着考试的分数来判断这个学生的知识如何、能力如何，那是不妥当的。因此，如果你真的尽力了，就不要太在意考试的失利或成功，因为你所学到的知识是不能被那分数而代替的。

逆境中不气馁、不畏惧

适用写作关键词：暗示　勇敢

对自己说：别害怕！

瑟曼是哈佛大学里一名普通的学生，她从小就怕水，因此十分畏惧游泳课。每次，瑟曼看着在水中游泳的朋友们，心里就会涌上一种不舒服的感觉，面对朋友的邀请，瑟曼只能说："我怕水，所以不想下水。"朋友们笑着怂恿："不要因为怕水，你就永远不去游泳……"看着朋友们像海豚一样在水中自由地嬉戏，瑟曼满是羡慕，但是，她觉得自己还是不够勇敢。

一个月后，朋友邀请瑟曼去温泉度假中心，瑟曼终于鼓起勇气下水了，但是，她还是不敢游到水深的地方。朋友鼓励她："试试看，让水没过自己的头顶，看会不会沉下去。"瑟曼大吃一惊："你说什么？"内心畏惧的瑟曼摇了摇头，朋友亲自作了一次示范，在朋友的坚持下，瑟曼小试了一下，她发现朋友说得没错，这真是一种奇妙的体验。朋友笑着说："看，你根本淹不死，为什么要害怕呢？"

内心畏惧的人常常表现为害怕困难，意志薄弱，惧怕挫折，内心异常脆弱。遇到了挫折，总是习惯性退缩或者消极抵抗，不愿意冒险，惊慌失措而不知怎么办才好。其实，内心畏惧，挫折就会变得越来越强大；而内心强大，挫折就会变得不堪一击。

有时候，内心畏惧是源于我们总是不断地逃避问题，那些怯弱而畏惧的人通常都是这样。其实，当我们试着去改变自己的内心、让自己内心变得强大起来的时候，我们会惊讶地发现，克服挫折不过如此，它容易得就像是跨过一道门槛。如果总是任由内心畏惧而不去改变，那么，我们将失去许多成功的机会，因为幸运总是降临在那些有着强大内心、坚韧精神的人身上。

知识窗

温泉：泉水的一种，严格意义上说，是从地下自然涌出的水，泉口温度显著高于当地年平均气温而又低于（等于）45度的地下水叫温泉，是含有对人体健康有益的微量元素的矿水。也有将从地下抽取的和人工加热配比的水统称为温泉的。

励志点金石

《哈利·波特》的作者J.K.罗琳在接受哈佛大学荣誉博士学位的演讲中说："人们有一个共识，那就是人可以从挫折中变得聪明更强大，这句话意味着人从此对自己的生存能力有了更好的把握。如果没有苦难来考验你，那么你从来都不会真正懂得自己，懂得你处理各种关系的力量有多大。"

面对困难，强者容易变得坚强，而弱者容易变得更软弱。假如女孩们能够深深地体会到挫折、苦难，而且，从不畏惧，也不相信眼泪，那她们所拥有的将是汗水与坚韧。

为你支招

女孩如何给予自己积极的暗示?

1.情绪不好，只允许自己难过10分钟

女孩在生活和学习中会遇到一些令人难过的事情，如父母的关系、成绩、与同学之间的相处等。每当女孩遇到这样的事情，都应该记得提醒自己：只许伤心的情绪停留10分钟。然后回归正常生活，该干什么就干什么，让心情回归平静。

2.告诉自己：我最棒

不管在任何时候，都需要告诉自己：我最棒！马上要进行期末测验了，早上起来告诉自己：我最棒；参加学校里的演讲比赛，有些紧张，告诉自己：我最棒；受到了老师的批评，没关系，依然告诉自己：我最棒。当女孩告诉自己“我最棒”的时候，女孩就会表现得如所说的那样优秀。

3.对自己说一些鼓舞的话

女孩可以站在镜子面前，看着自己的眼睛，真诚地表达自己的期望：“马上要参加一场很重要的考试，我相信你的实力，只要你肯努力，就一定会成功的，加油！”可能刚开始这样做的时候女孩会觉得自己傻，但只要你尝试之后就会发现，经过这样的自言自语，心情真的会变得更加积极乐观，思维、行动的效率也会提高很多。

4.想象美好的场景

女孩可以在一个安静、安全的环境中将自己彻底放松，并将希望达到的目标在脑海中进行清晰细腻的预演。比如，女孩可以想象自己考入了理想的大学，想象着自己在校园里散步，想象着自己在研究室做实验等，然后告诉自己："这就是我的理想，我愿意为自己的理想去奋斗！"有了这样的想象，女孩就有了前进的动力。

绝境中不妨多等一下

适用写作关键词：坚持　乐观

绝望时再等一下

从前，有一位老婆婆在屋子后面种了一大片玉米，长势喜人。很快秋天到了，到了玉米丰收的季节，地里一片金黄，颗颗饱满的玉米棒彼此拥挤着，都希望自己能被主人相中。其中，一个颗粒饱满的玉米说道："收获那天，老婆婆肯定先摘我，因为我是今年长得最好的玉米！"

但是，到了收获那一天，这个颗粒饱满的玉米等了很久，老婆婆并没有把它摘走。这个玉米并没有失望，它自我安慰："明天，明天她一定会把我摘走！"第二天，老婆婆又收走了其他一些玉米，依然没有摘走这个玉米。

乐观的玉米难掩失望的表情，不过它勉强安慰自己：“明天，老婆婆一定会把我摘走！”但是，从此以后，老婆婆再也没有来过。直到有一天，玉米真的绝望了，原来那饱满的颗粒变得干瘪坚硬。

没有想到的是，就在这时，老婆婆来了，她一边摘下这个玉米，一边说：“这可是今年最好的玉米，用它作种子，明年肯定能种出更棒的玉米！”干瘪的玉米笑了，它终于看到了希望，明年自己将儿女成群。

或许，你一直都很自信，但接连的失败和挫折会让你泄气、信心动摇，甚至自暴自弃。不过，即便是在这样的境地，也要自己给自己加油，或许再坚持一下，成功就会来了。

女孩，你要有耐心在绝望时再等一下，哪怕再等一下！偶尔的困难与挫折是生活中不可避免的常事，任何的抱怨与难过都毫无用处。所以，女孩们需要做的，就是乐观地坚持自己的生活；当别人都放弃的时候，依然坚持不懈，直到成功的那一天。

知识窗

玉米，原名玉蜀黍，别名棒子、苞谷、珍珠米、苞芦、大芦粟。秆直立，通常不分枝，基部各节具气生支柱根。叶鞘具横脉；叶舌膜质，长约2毫米；叶片扁平宽大，线状披针形，基部圆形呈耳状，无毛或具疵柔毛，中脉粗壮，边缘微粗糙。颖果球形或扁球形，成熟后露出颖片和稃片之外，其大小随生长条件不同产生差异，我国各地均有栽培。全世界热带和温带地区广泛种植，为一重要谷物。味道香甜，可做各式菜肴，如玉米烙。

励志点金石

易卜生："不因幸运而故步自封，不因厄运而一蹶不振。真正的强者，善于从顺境中找到阴影，从逆境中找到光亮，时时校准自己前进的方向。"

挫折与失败最能考验人的意志，也最容易让一些人胆怯、恐慌、生气和抑郁。其实，每个成功者都曾经历过失败，只是他们用自信心和坚强的意志战胜了挫折，这才迎来成功。可以说，成功者大都是经历失败最多、受挫最重的人，他们在不能坚持的时候，选择了再等一下、再等一下，最终迎来了风雨之后的彩虹。

为你支招

女孩如何面对挫折？

1.正确理解挫折

女孩对挫折要有正确的认识，要在克服困难中感受挫折、正确理解挫折，这样才能培养自己不怕挫折、勇于克服困难的能力和主动接受新事物、承认并敢于面对挫折的信心。女孩在遇到困难的时候，不要总想着回避，而应面对现实，勇敢地向困难发起挑战。当女孩一次次战胜困难后，就会增添无穷的勇气。

2.正确对待失败

很多情况下，给女孩带来最多打击的往往不是失败本身，而是女孩对失败的理解。假如女孩没有被选为学生代表，她想的原因可能是“我不如其他的同学”，也可能是“别的同学更适合”，或者是“他们挑选各方面都优秀的学生”。可能，有些失败确实源于孩子自身的原因，而这时的女孩往往会产生消极情绪，不能以正确的态度对待失败和挫折。这种情况下，女孩应该明白“失败并不可怕，只要勇敢，一定可以做好”。

3.培养自立能力以及抗挫的信心

女孩应学习基本的生活技能，如洗脸、洗衣、整理床铺等，此外还需要增强自己的心理承受能力，如乐观、积极、向上的生活态度，遇到困难不退缩、失败后不悲观等，掌握与年龄相符的知识技能、生活技能。这样在无形之中增强女孩抵御挫折的能力，自然就容易减少女孩遭遇挫折的次数。

4.做自己能做的事情

中国孩子的致命弱点在于没有自主性、依赖性强，这种现象归根结底在于父母的包办代替，使得孩子缺乏自信，能力低下，丧失自我实践的机会。所以，女孩子要做自己能做的事情，如穿衣、吃饭、洗衣服、煮饭等简单事情，哪怕父母愿意帮忙，女孩也应该坚持自己独立完成，否则只能成为柔弱的娇娇女。

5.给自己的压力要适当

你不要给自己太多的压力，给自己的压力要适当。压力本身是没有任何威胁性的，适当的压力能转换为一种强大的动力，促使你不断地进步，不断地奋发向上。但是，一旦压力过大，就会造成精神紧张、心理崩溃，晚上失眠、白天精神恍惚，而这样的状态是非常影响你的学习质量和效率的。

6.学会给自己释放压力

压力是外来的一种力量，影响着我们的精神和心理，这是无法掌控的，但是我们可以通过一些方式来化解它，消减它的消极性，使其趋向于积极发展。所以，当女孩压力太大的时候，不妨暂时抽离学习的状态，多参加一些户外活动，在大自然中散散心，或者约几个好友一起逛逛街，这些都是不错的释放压力的方法。

第9章

做自信的女孩，乐观是女孩笑傲人生的秘诀

自信心是女孩在成长的过程中一点点地锻炼出来的，有了充足的自信心，女孩长大之后才能够有更强的适应和判断能力，才可以适应现代社会的快速发展。所以，女孩有意识地提高自己的自信心是很有必要的，因为自信是女孩笑傲人生的武器。

学会欣赏自己，并使自己充满自信

适用写作关键词：欣赏　自信

欣赏你自己

一次，在哈佛大学泰勒·本·沙哈尔教授的课堂上，有个学生向沙哈尔提问道："请问老师，您是否认识您自己呢？"沙哈尔心想：是呀，我是否认识我自己呢？他回答说："嗯，我回去后一定要好好观察、思考、了解自己的个性、自己的心灵。"

本·沙哈尔教授回到家里就拿来了一面镜子，仔细观察着自己的外貌、表情，然后分析自己。首先，沙哈尔看到了自己闪亮的秃顶，想："嗯，不错，莎士比亚就有个闪亮的秃顶。"随后，他看到了自己的鹰钩鼻，心想："嗯，大侦探福尔摩斯就有一个漂亮的鹰钩鼻，他可是世界级的聪明大师。"看到了自己的大长脸，他就想："嗨！伟大的美国总统林肯就是一张大长脸。"看到了自己的小矮个子，他就想："哈哈！拿破仑个子就很矮小，我也是同样矮小。"看到了自己的一双大撇撇脚，他心想："呀，卓别林就是一双大撇撇脚！"

于是，第二天他这样告诉学生："从古至今，国内外名人、伟人、聪明人的特点集于我一身，我是一个不同于一般的人，我将前途无量。"

泰勒·本·沙哈尔教授善于欣赏自己，这令他对自己充满了自信。虽然在别人看来他的长相并不出众，但是，经过他一番积极的心理暗示，自己身体的每个部分都与名人、伟人、智者扯上了关系，这样一来，自己肯定是一个前途无量的人。

心理学教授威廉·詹姆斯说："世界精神太忙碌于现实，太驰骛于外界，而不遑回到内心，转回自身，以徜徉自怡于自己原有的家园中。"世界上没有两个完全相同的人，每个人都是独立的个体，在我们身上有许多与众不同的甚至优于别人的地方，这是每一个人值得骄傲的地方。我们没有理由总是欣赏别人，而忽略了自己的优点；没有理由一味地比较，而最终丢失了自我。

知识窗

泰勒·本·沙哈尔：哈佛大学心理学硕士、哲学和组织行为学博士，近年从事个人和组织机构的优势开发、自信心以及领袖力的提升研究。其开设的"积极心理学"和"领袖心理学"被哈佛学生推选为最受欢迎率排名第一和第三的课程，"其奇妙之处在于，当学生们离开教室的时候，都迈着春天一样的步子"。泰勒在哈佛被称为"最受欢迎的导师"，同时他还受聘为多家著名跨国公司的心理咨询师和培训师，他的课程具有实用性和可操作性，被众多企业家和高管们誉为“摸得着的幸福”。

励志点金石

尼采曾这样说：“聪明的人只要能认识自己，便什么也不会失去。”

只有学会欣赏自己，才能使自己充满自信，并从自信中获得快乐，使自己的人生不迷失方向。在生活中，彼此的互相比较是不可避免的，但是，我们需要知道，自己既有缺点更有优点，因此，在欣赏别人的同时不要忽略了自己。欣赏自己是一种智慧，它会令你浑身上下散发出自信的魅力；欣赏自己是一种心理暗示，当你把自己想象成什么样，你就真的会成为什么样的人。

为你支招

女孩如何欣赏自己？

1.关注自己的闪光点

在平时生活中，女孩要善于发现自己的闪光点，重新树立自信心。良好的自信心是成功的一半，有意识提高自己的自信心，欣赏自己、鼓励自己是不可忽视的。当自己遇到困难的时候，需要鼓励自己积极进取，遇到困难时先别气馁，而要分析原因，将自己受挫的自信心重新树立起来。

2.别做理想的孩子

有的女孩追求完美，努力成为父母眼中理想的孩子。但是，在这个世界上，哪有什么十全十美的人呢？如果你为了达到理想而苛求自己，反而会心生烦恼。所以，女孩不要以父母眼中的“理想孩子”作为标尺来衡量自己，而应尊重自己，从实际出发，尊重自己的个性，这样才会收获更多的自信。

3.细小的进步也是值得骄傲的

与同龄最优秀的孩子相比，可能自己总是显得不那么突出，方方面面都不尽如人意。但是，比起昨天的表现，你是否已经前进了一小步呢？以前英语成绩不及格，但现在几乎每次都能跨过及格的大关，或许离优生还有一段距离，但是自己的进步是明显可见的，因而这也是值得称赞的一大步。女孩要善于发现自己每天的进步，正视自己的努力，如果在这时能够获得父母的赞赏，那无疑会增加自己的自信心。

永远相信自己是最优秀的女孩

适用写作关键词：自信

永远坐第一排

20世纪30年代，英国一个不出名的小镇里，有一个叫玛格丽特的小姑娘，自小就受到严格的家庭教育。父亲经常对她说：“孩子，永远都要坐在前排。”父亲经常向她灌输这样的观点：无论做什么事情都要力争一流，永远走在别人前头，而不能落后于人。“即使是坐公共汽车，你也要永远坐在前排。”父亲从来不允许她说“我不能”或者“太难了”之类的话。

玛格丽特满17岁的时候，她开始明确自己的人生追求——从政。然而，那个时候，进入英国政坛要有一定的党派背景。她出生于保守党派氛围的家庭，要想从政，必须要有正式的保守党关系，而当时的牛津大学就是保守党员最大俱乐部的所在地。她从小受化学老师影响很大，同时又想到，大学学习化学专业的女孩子比其他任何学科都少得多，如果选择其他的某个文科专业，竞争会很激烈。

于是，一天，她终于勇敢地走进校长吉利斯小姐的办公室说：“校长，我想现在就去考牛津大学的萨默维尔学院。”

女校长难以置信，说：“什么？你是不是欠缺考虑？你现在连一节课的拉丁语都没学过，怎么去考牛津？”

“拉丁语我可以学习掌握！”

“你才17岁，而且你还差一年才能毕业，你必须毕业后再考虑这件事。”

“我可以申请跳级！”

“绝对不可能，而且，我也不会同意。”

“你在阻挠我的理想！”玛格丽特头也不回地冲出校长办

公室。

回家后她取得了父亲的支持，就此开始了艰苦的复习，并着手备考工作。就这样，她在提前几个月得到了高年级学校的合格证书后，就参加了大学考试并如愿以偿地收到了牛津大学萨默维尔学院的通知书。玛格丽特离开家乡到牛津大学去了。上大学时，学校要求学5年的拉丁文课程，她凭着自己顽强的毅力和拼搏精神，在1年内全部学完了，并取得了相当优异的考试成绩。她所在学校的校长这样评价她说："她无疑是我们建校以来最优秀的学生，她总是雄心勃勃，每件事情都做得很出色。"

四十多年以后，她终于得偿所愿，成为英国乃至整个欧洲政坛上一颗耀眼的明星，她就是连续四年当选保守党党魁，并于1979年成为英国第一位女首相，雄踞政坛长达十一年之久，被世界政坛誉为"铁娘子"的玛格丽特·撒切尔夫人。

知识窗

牛津大学（University of Oxford），简称牛津，是一所位于英国牛津市的世界顶级公立大学，建校于1167年，为英语世界中最古老的大学，也是世界上现存第二古老的高等教育机构，被公认为当今世界最顶尖的高等教育机构之一。牛津大学是一所在世界上享有盛誉、有巨大影响力的知名学府。

励志点金石

F.H.布拉德利："在某种程度上，每个人的形象都符合自己的设想。"

相貌平平的女孩，不必再为你的貌不惊人而烦恼，因为"一个人越自信，他的性格就越迷人"。增加几分自信，你便增加了几分魅力。简·爱这个普通妇女的艺术形象，之所以能够震撼和感染一代又一代各国读者的心灵，正是因为她以自信为人生的支柱，这使她的人格魅力得以充分展现。

为你支招

女孩如何增强自信心?

1.写下你的优点

现在请你列举一下自己身上的优点，越多越好。开始，你可能觉得这很难，因为你习惯了去寻找自己的缺点，没有关注过自己的优点，甚至没有想过自己还有优点。那么，你现在开始列举吧，如果你还是感到很困难，可以找父母、同学帮忙。列出优点，每天抽时间默念自己的优点，可能开始的时候很不习惯，坚持做，一段时间后，你会发现，你不仅可以坦然接受自己的优点，而且你从自己身上挖掘出越来越多的优点。

2.给自己积极的心理暗示

假如以前总会想“我已经努力了，可我的学习总是不好”，那么今后尝试着这样说：我要继续努力，并寻找办法提高学习成绩；如果以前常担心找不到更好的工作，那么以后要常对自己说：我会努力去找，我会找到适合自己的位置的。生活中充满暗示，女孩时刻在受暗示的影响，当女孩说自己“不好”时，可能会时刻证明自己的确是“不好”。

3.少与别人比较，多跟自己比较

女孩从小受的教育使得自己习惯与别人比较，尤其是与优秀的人比较。在比较中发现“我不如张三的成绩好”……原本自己满意的地方也会变得很糟糕。因为，不管什么时候和别人比较，不管自己有多么优秀，都会找到比自己各方面更出色的人。所以，要学习和自己比较，去发现自己的进步和取得的成绩。

4.常怀感恩的心

每天记录自己所做的事情，在做得好的事情、好的表现，如勤奋、认真、孝顺上做一个记号，在自己做得不够好的地方以及需要改进的地方也做一个记号，最后作总结。好好表扬和欣赏自己做得好的方面；对做得不够好的方面，也不必责备自己，而要告诉自己今天有些事情我做得不够好，明天我会改进，明天一定能够做得更好的。

相信自己能，便会攻无不克

适用写作关键词：自信　坚持

没有不可能

贝勒夫人是哈佛大学的文学老师，她和蔼可亲，深受学生们的敬重。

有一天，贝勒夫人给学生们带来了一节特别的课。开始上课了，贝勒夫人首先让学生们在纸上写出自己不能做到的事情，一个女孩子这样写道，“我无法完整地背出太长的课文”“我不会骑脚踏车”“我不知道怎样才能让别人喜欢我”……虽然她已经写了半张纸，但丝毫没有停下来的意思，仍认真地写着。贝勒夫人也忙着写自己不能做到的事情：“我不知道如何让孩子的家长都来”“我不知道怎样帮助玛丽提高她对数学的兴趣”……过了十多分钟，许多学生都已经写满了一张纸，有的学生开始打开了第二张纸，不过，贝勒夫人及时制止了这一行为：“同学们，写完一张就行了，不要再写了。”学生们按着贝勒夫人的指示，把那些写满“不可能做到的事情”的纸对折，然后按顺序来到讲台，把纸放进一个空的鞋盒里。

等所有的纸条都放进去以后，贝勒夫人把自己的纸也放了进去。然后，她将盒子盖上，夹在腋下领着学生走出了教室，路过杂物室的时候，贝勒夫人找了一把铁锹，领着学生来到了运动场，她挑选了一个最边远的角落，开始挖坑。

十分钟后，坑挖好了，贝勒夫人吩咐学生将那个鞋盒埋在“墓穴”里，贝勒夫人神情严肃地说：“孩子们，现在请你们手拉着手，低下头，我们准备默哀，朋友们，今天我很荣幸能够邀请到你们前来参加‘我不能’先生的‘葬礼’，‘我不能’先生在世的时候，曾经与我们的生命朝夕相处……您的名字几乎每天都要出现在各种场合，当然，这对于我们来说是非常不幸的……我们更希望您的兄弟姊妹‘我可以’‘我愿意’‘我立即就去做’等能够继承您的事业……愿‘我不能’先生安息吧，也祝愿我们每一个人都能够振奋精神，勇往直前！阿门！”

接着，贝勒夫人带着学生回到了教室，还举办了一个庆祝活动。贝勒夫人用纸剪成了一个墓碑，上面写着“我不能”，中间则写上“安息吧”，下面还标明了日期。贝勒夫人将这个墓碑挂在了教室中，每当有学生无意中说“我不能”的时候，贝勒夫人就会指着这个墓碑，学生们便会想起“我不能”先生已经死了，从而想出解决问题的办法。

知识窗

墓碑：中国古代“墓而不坟”，只在地下掩埋，地表不树标志。后来逐渐有了地面堆土的坟，又有了墓碑。人去世后，如要立墓，大多都要有墓碑文。墓碑文上一般刻记死者的姓名、籍贯、成就，逝世日期和立碑人的姓名及与死者的关系。写碑文应对死者充满敬意和感情。

励志点金石

爱默生曾说：“相信自己能，便会攻无不克……不能每天超越一个恐惧，便从未学会生命的第一课。”

成功来自于自信，自信者有着决胜的信念，在他们的字典里没有“不可能”的事情，他们不达到目的就不罢休，坚决咬定青山不放松，使“不可能”变为“可能”。其实，能够打垮自己的往往不是别人，而是内心的“不可能”先生，所以，相信自己，相信“一切皆有可能”，不要把一次失败看作人生的终审。

为你支招

女孩如何战胜那些“不可能”的事情?

1.避免苛求自己

女孩要避免苛求自己，平时对自己的要求要适当。女孩对自己的要求应与自己实际的能力和水平相适应。假如自己取得了好成绩，那应该对自己充满信心；即便成绩比较差，也要自我安慰，分析原因，总结经验和教训，或者请求父母耐心指导，从而一步步提高自己的成绩。

2.采用小目标积累法

许多女孩产生不自信，往往是由于对自己要求过高，将自己已经取得的成绩忽略了，她们沉浸在大目标无法实现的焦虑中，心理经常笼罩在悲观、失望的阴影中。女孩可以制订一个个可以在短时间内实现的小目标，一切向前看，从已经实现的小目标中得到鼓舞，增强自信。随着小目标的积累，女孩心中不但会形成一个实现大目标的动力，而且会形成足以克服自卑的信心。

3.丰富知识

生活中，当许多孩子一起交谈的时候，有的孩子说得滔滔不绝、绘声绘色，而有的孩子却只是在一边听，一言不发。这是什么原因呢？这主要是由于孩子的知识面不同，有的孩子见多识广，有的孩子知识面较为狭窄。而那些知识面较为狭窄的孩子更容易自卑，所以，女孩要有意识地丰富自己的知识，开阔自己的眼界。

摆脱自卑，做自己想做的人

适用写作关键词：自卑　拼搏

为自己贴上自信的名片

有一天，著名的成功学家安东尼·罗宾接待了一位走投无路、风尘仆仆的流浪者。那人一进门就对安东尼说：“我来这儿，是想见见这本书的作者。”说着，他从口袋里掏出了一本《自信心》，这本书是安东尼多年以前写的。安东尼微笑着请流浪者坐下，那人激动地说：“是命运之神在昨天下午把这本书放入了我的口袋中，因为当时我已经决定要跳进密西根湖了此残生，我已经看破了一切，我对这个世界已经绝望，所有的人都已经抛弃了我，包括万能的上帝。不过，当我看到了这本书，我的内心有了新的变化，我似乎看到了生活的希望，这本书陪伴我度过了昨天晚上，我相信，只要我能见到这本书的作者，他一定能帮助我重新振作起来。现在，我来了，我想知道，你能帮助我什么呢？”安东尼打量着流浪者，发现他眼神茫然、满脸皱纹、神态紧张，他已经无可救药了，但是，安东尼不忍心对他这样说。

安东尼思索了一会儿，说：“虽然我没有办法帮助你，但如果你愿意，我可以介绍你去见本大楼的一个人，他可以帮助你东山再起，重新赢回原本属于你的一切。”听了安东尼的话，流浪者跳了起来，他抓住安东尼的手，说道：“看在老天爷的份上，请你带我去见这个人！”安东尼带着他来到从事个性分析的心理实验室里，面对着一块看来像是挂在门口的窗帘布，安东尼将窗帘布拉开，露出一面高大的镜子，流浪者从中看到了自己，安东尼指着镜子说：“就是这个人，在这个世界上，只有你一个人能够使你东山再起，除非你坐下来，彻底认识这个人，当作你从前并不认识他，否则，你只能跳进密西根湖了，只要你有勇气重新认识自己，你就能成为你想做的那个人。”流浪者仔细打量自己，低下头，开始哭泣。几天后，安东尼在街上碰到了那个人，他已经不再是一个流浪汉了，他西装革履，像一个绅士。后来，那个人真的东山再起，成了芝加哥的富翁。

如那个人一样，每个女孩都梦想过自己成为什么样的人，也许是科学家，也许是医生或者律师。然而，有些人因为自卑而选择退缩，宁愿梦想着，也不去实践，甚至希望能得到别人的救赎。事实上，做自己想做的人，其实很简单，只要相信自己，给自己贴上积极梦想的标签，朝着梦想勇敢地奋进，那么女孩就真的能够成为自己所希望的那个人。

知识窗

安东尼·罗宾（Anthony Robbins），1960年2月29日出生于美国加利福尼亚，世界潜能激励大师、世界第一成功导师、世界第一潜能开发大师。主要著作有《激发个人潜能Ⅱ》《激发无限的潜力》《唤起心中的巨人》《巨人的脚步》和《一分钟巨人》等，而且被翻译成数十种译本。1995年，安东尼·罗宾斯当选为“美国十大杰出青年”；1995年被授予“金锤奖”。

励志点金石

莎士比亚：“对自己都不信任的人，还会信什么真理？”

心理学家认为，自卑经常以一种消极的防御的形式表现出来，如妒忌、猜疑、害羞、自欺欺人、焦虑等，自卑会让人变得非常敏感，经不起任何刺激。假如一个女孩被自卑心理所笼罩，其身心发展及交往能力将受到严重的束缚，才智也得不到正常的发挥。

为你支招

女孩如何摆脱自卑？

1.了解自己为什么自卑

女孩要了解自己因为什么而自卑。比如，因外貌而产生自卑的女孩，她们对于能够绚烂绽放青春的同龄人，实际上是充满嫉妒的。她们也想要成为大家关注的中心，但她们压抑自己正常的需要，用相反的方式表达自己的内心。越爱美越不敢表现美，越是想要人关注，越是不敢被人关注，以致形成典型的自卑心理。

2.多与父母沟通

青春期女孩自信心缺失，大部分原因在于家庭教育环境与方式。如果女孩害怕与外界沟通，那不妨多与父母沟通，从父

母那里获取信心与鼓励，并在父母的引导下走出家门，多结交兴趣相投的朋友。一旦女孩在肯定中得到了满足，就会增强自信心。

3.多交朋友

自卑的女孩大多比较孤僻、不合群，喜欢把自己孤立起来。而积极的人际关系会为女孩提供必要的社会支持系统，有利于自身压力的减缓和排解，其性格也会变得乐观起来。而且，在与人交往的过程中，女孩会更加客观地评价自己和他人。女孩要多走出门交朋友，并培养社交能力。

4.获得成功经验

当女孩成功的经验越多，她的期望值就越高，自信心也就越强。对于自卑的女孩来说，亟须建立起符合自身情况的抱负，增加成功的经验。当女孩遭遇困境，心生自卑的时候，可以去做一件比较容易成功的事情，或者参加感兴趣的活动，以消除自卑。比如，女孩在考试中失利了，不妨在体育竞赛中找回自信。

5.正确面对挫折

女孩在生活中难免会遇到失败和挫折，而失败的阴影是产生自卑的温床。女孩要善于自我鼓励，及时驱逐失败的阴影。女孩可以将失败当作学习的机遇，分析失败的原因，从失败中学习和吸取教训，并将那些不愉快、痛苦的事情彻底忘记。

自信的女孩最动人

适用写作关键词：自信　坚韧

坚持我自己

林志玲是一位时尚模特，她的容颜在众多佳丽中并不算是最出色的，但是她凭着自己优雅的气质屡次登上各大时尚周刊的封面。在日常生活中，她总是素面朝天，打扮得像邻家妹妹。她并不像众多明星那样，她既不喜欢泡夜店，也不喜欢待在酒吧，她最喜欢待的地方是图书馆。她坦言，自己当初无意间踏入了模特这个领域，耽误了自己的学业，这是她最大的遗憾。因此，她在休息之余，总是会多看一些书，充充电。正是因为内外兼修，她才能如此自信地站在镁光灯下，迎接人们赞叹的目光。

实际上，林志玲是26岁才正式走红，她从来没有隐瞒过自己的年龄，她说："也许我这个年龄是有些晚了，但是女人是越成熟才越有魅力。当年我也是一个不自信的女孩，不会相信自己会成功，觉得自己没有别人漂亮，也没有别人有个性。"林志玲认为一个美丽的女人首先要有自信："我觉得自信的女人最美丽，她们容易散发出吸引人的气质，我也经常被有自信的女人吸引，希望自己能够像她们一样，而且，告诉你们一个小秘密，女人的信心是成功的仙丹，只要你对自己充满信心，总有一天，你也可以成功。”

当谈到让自己重新拥有自信的原因，林志玲说那就是相信自己：“我觉得每个女人的美丽都是独一无二的，无论她的外貌如何，只要充满了自信，就可以由内而外散发出美丽的气息。”

自信铸就了林志玲无与伦比的美丽，也促成了她的成功。自信是女孩好性格的显现之一，因为自信，所以乐观。自信的女孩，不一定是女汉子，她可以是柔弱的，也可以是坚强的。自信的女孩，总是游刃有余地展现出自己的美丽，那一份坦诚与爽朗，那一种长袖善舞，都是一份源于自信的洒脱。

知识窗

模特：模特是由英语的“Model”音译而来，主要是指担任展示艺术、时尚产品、广告等媒体的人，模特儿一词也代表了从事这类工作人的职业。模特在体型、相貌、气质、文化基础、职业感觉、展示能力等方面有一定要求，一般要具有良好身材、相貌基础、个人气质、文化基础、人格素养和展示能力等素质。

励志点金石

萧伯纳：“有信心的人，可以化渺小为伟大，化平庸为神奇。”

信心，其实并不神奇，也不神秘。信心是这样发挥作用的：

“相信我确实能做到”的态度，产生了能力、技巧与精力这些成功的必备条件。每当你相信“我能做到”时，自然会信心百倍。

为你支招

女孩如何重新树立自信?

1.告别失败的阴影

大大小小的失败是每一个人都会遇到的，女孩也会不时遇到一些小挫折和小失败。在失败之后，女孩若无法告别失败的过去，可以与父母来一次有效的沟通。女孩可以尝试着与父母一起分析失败的原因，并总结经验。这样一来，下次再遇到同样的事情一定会成功。在父母的帮助下，女孩忘掉不愉快的过去，抬头向前看。

2.改变形象

美国的一项调查显示：在举重的时候，假如大声喊叫，会多使出15%的力量；在平时，大声说话、走路抬头、敢与人正面交流都是自信的表现。所以，假如女孩不够自信，可以从整洁的穿衣、大声讲话等方面培养自信。

3.预演胜利的场景

当女孩遇到困难或挑战的时候，可以为自己制造一幕胜利的场景，让自己幻想胜利后的一幕幕场景，给自己足够的动力和战胜困难的勇气，帮助自己战胜恐惧心理，相信自己有信心战胜极富挑战的任务。

参考文献

[1] 迟双明. 做个有志气有气质有出息的女孩[M]. 北京: 中央广播电视大学出版社, 2012.

[2] 雨霏. 优秀女孩必备的10个习惯和9种能力[M]. 北京: 中国纺织出版社, 2014.

[3] 文德. 不娇不惯, 养出女孩好气质的100个细节(全民阅读提升版)[M]. 北京: 中国华侨出版社, 2014.

[4] 静涛, 李厚泽. 好妈妈不娇不惯培养女孩300个细节[M]. 海口: 南海出版公司, 2015.

[5] 刘醒. 细节决定升职成败[M]. 中国国际广播出版社, 2012.

[6] 刘战均. 思路决定出路全集(白金版)[M]. 北京燕山出版社, 2010.

[7] 栖云. (2010). 一根电缆值多少钱. 学习之友(1), 27–27.

[8] 常成, & 丁强. (2002). 最棒的玉米. 少年读者(05), 75.

[9] 孙毅. (2004). 永远都要坐前排. 阅读(5).